Dent et archéologie

Médecine à travers les siècles

Collection dirigée par le Docteur Xavier Riaud

L'objectif de cette collection est de constituer « une histoire grand public » de la médecine ainsi que de ses acteurs plus ou moins connus, de l'Antiquité à nos jours.
Si elle se veut un hommage à ceux qui ont contribué au progrès de l'humanité, elle ne néglige pas pour autant les zones d'ombre ou les dérives de la science médicale.
C'est en ce sens que – conformément à ce que devrait être l'enseignement de l'histoire –, elle ambitionne une « vision globale » et non partielle ou partiale comme cela est trop souvent le cas.

Dernières parutions

Michel A. GERMAIN, *Les tables d'opération. De l'Antiquité à nos jours*, 2016.
Philippe SCHERPEREEL, *Médecins et infirmières dans la guerre de Crimée. 1854-1856*, 2016.
Mélanie DECOBERT, *Odontologie médico-légale et Seconde Guerre mondiale*, 2016.
François RESCHE, *Le papyrus médical Edwin Smith*, 2016.
Xavier RIAUD, *Napoléon Ier et ses dentistes*, 2016.
Philippe SCHERPEREEL, *Albert Calmette. « Jusqu'à ce que mes yeux se ferment »*, 2016.
Philippe SCHERPEREEL, *Pietro d'Abano. Médecin et philosophe de Padoue à l'aube de la Renaissance*, 2016.
Bernard DE MARSANGY, *La Psychiatrie vécue au XIXe siècle. Lettres à Louisa*, 2016.
Isabelle CAVÉ, *Etat, santé publique et médecine à la fin du XIXe siècle français*, 2016.
Julien MARMONT, *L'Odontechnie ou l'art du dentiste. Poème didactique et descriptif en quatre chants, dédié aux dames*, 2016.
Patrick POGNANT, *La Folle Clinique sexuelle du professeur P***. De la Belle Époque aux Années folles*, 2016.
Michel CHAUVIN, *Le Geste qui sauve. L'étonnante histoire du défibrillateur cardiaque externe*, 2016.
Henri LAMENDIN, *Docteur Albert Calmette (1863-1933). Pasteurien et co-inventeur du BCG*, 2016.
Xavier RIAUD (dir.), *Médecine à travers les siècles. Entre rencontres et découverte*, 2015.

Xavier Riaud

Dent et archéologie

Une expérience vécue

L'Harmattan

Du même auteur

La pratique dentaire dans les camps du IIIe Reich, coll. « Allemagne d'hier et d'aujourd'hui », L'Harmattan (éd.), Paris, 2002.

Les dentistes allemands sous le IIIe Reich, coll. « Allemagne d'hier et d'aujourd'hui », L'Harmattan (éd.), Paris, 2005.

L'influence des dentistes américains pendant la guerre de Sécession (1861-1865), coll. « Médecine à travers les siècles », L'Harmattan (éd.), Paris, 2006.

Les dentistes, détectives de l'Histoire, coll. « Médecine à travers les siècles », L'Harmattan (éd.), Paris, 2007.

Première Guerre mondiale et stomatologie : des praticiens d'exception..., coll. « Médecine à travers les siècles », L'Harmattan (éd.), Paris, 2008.

Plaidoyer pour un enseignement historique de l'Art dentaire, coll. « Ethique & Pratique médicale », L'Harmattan (éd.), Paris, 2008.

Etude de la pratique odontologique et de ses déviances dans les camps de l'Allemagne nazie, A.N.R.T. (éd.), Lille, 2008.

Quand la dent mène l'enquête..., coll. « Médecine à travers les siècles », L'Harmattan (éd.), Paris, 2008.

Pionniers de la chirurgie maxillo-faciale, coll. « Médecine à travers les siècles », L'Harmattan (éd.), Paris, 2010.

Histoires de la médecine bucco-dentaire, coll. « Médecine à travers les siècles », L'Harmattan (éd.), Paris, 2010.

Etude de la pratique dentaire dans les camps de l'Allemagne nazie, entre dérives et thérapeutiques médicales, Les Editions Universitaires Européennes, Sarrebruck, 2010.

Odontologie médico-légale : entre histoire et archéologie, coécrit avec le Dr Francis Janot, coll. « Médecine à travers les siècles », L'Harmattan (éd.), Paris, 2010.

Dentistes héroïques de la Seconde Guerre mondiale, coll. « Médecine à travers les siècles », L'Harmattan (éd.), Paris, 2011.

Chroniques odontologiques des rois de France et de la dynastie napoléonienne, coll. « Médecine à travers les siècles », L'Harmattan (éd.), Paris, 2011.

Les dentistes américains dans la guerre de Sécession (1861-1865), coll. « Médecine à travers les siècles », L'Harmattan (éd.), 2ème édition, Paris, 2012.

Napoléon Ier et ses médecins, coll. « Médecine à travers les siècles », L'Harmattan (éd.), Paris, 2012, Prix de l'AAMSSA 2012.

Histoire indépendentaire, coll. « Médecine à travers les siècles », L'Harmattan (éd.), Paris, 2013.

Des dentistes qui ont fait l'Histoire..., coll. « Médecine à travers les siècles », L'Harmattan (éd.), Paris, 2013.

Odontologie médico-légale et serial killers, la dent qui en savait trop..., coécrit avec leDr Philippe Brousseau, coll. « Médecine à travers les siècles », L'Harmattan (éd.), Paris, 2014.

Chirurgie dentaire et nazisme, coll. « Allemagne d'hier et d'aujourd'hui », L'Harmattan (éd.), Paris, 2015.

Et si la Seconde Guerre mondiale nous était racontée autrement..., coll. « Médecine à travers les siècles », L'Harmattan (éd.), Paris, 2015.

Napoléon Ier et ses dentistes, coll. « Médecine à travers les siècles », L'Harmattan (éd.), Paris, 2016.

Archéologies dentaires, Les Editions Universitaires Européennes, Sarrebruck, 2016.

5-7, rue de l'Ecole-Polytechnique, 75005 Paris

http://www.harmattan.fr

ISBN : 978-2-343-11244-2

EAN : 9782343112442

Avant-propos

Dentiste de profession, je suis aussi historien de la médecine. Auteur de nombreux articles dans plusieurs langues et d'un certain nombre de livres, je suis amené très fréquemment à rencontrer des gens provenant de divers univers, tout particulièrement ceux issus de la recherche scientifique. Le premier qui nous concerne ici est le Dr Philippe Charlier avec qui j'ai eu des contacts assez désagréables, il faut bien l'admettre. En effet, si ce médecin légiste anthropologue est indéniablement brillant, il est aussi très imbu de lui-même, au point de se révéler extrêmement méprisant avec d'autres, dont je fus. Lorsqu'on agit ainsi, il faut toujours s'assurer qu'on domine véritablement la situation et de façon permanente, car il va de soit qu'on suscite une vraie et profonde émulation contre soi qui s'exprime un jour ou l'autre. C'est donc une émotion épidermique qui m'a fait réagir en premier lieu au reportage sur l'identification « formelle » du crâne d'Henri IV. Après, et très vite, l'historien que je suis s'est empressé d'analyser et de relever les points d'achoppement de cette théorie fumeuse. Par la suite, ma rencontre avec M. Philippe Delorme, journaliste et écrivain, a été cruciale sur cette question. Enfin, un partisan de mes idées ! Le temps passant, j'ai découvert plus tard que le milieu universitaire historien, dans sa globalité, plus spécifiquement le spécialisé, a rejeté avec virulence et scepticisme ce résultat qu'il trouve douteux, car reposant plus sur de la spéculation que sur des faits avérés.

Il en a été ainsi d'ailleurs avec certains de ses plus proches collaborateurs. Je me suis mis à écrire sur cette thématique en envisageant cela comme une réponse historico-archéologique faite au Dr Charlier, dénonçant argument après argument.
En 2011, c'est avec l'un de ses collaborateurs justement que j'ai échangé de nombreux mails. Chercheur à l'INRAP (Institut national de recherches archéologiques préventives), il m'a donné l'autorisation de publier des photos des crânes de Louis XI et Charlotte de Savoie, sa femme, dans le cadre d'un livre que j'ai publié cette année-là aux Editions L'Harmattan, dans la Collection Médecine à travers les siècles, intitulé *Chroniques odontologiques des rois de France et de la dynastie napoléonienne*.
M. Patrice Georges, car il s'agit de lui, vivement intéressé, m'a proposé alors de rejoindre son équipe de recherches et d'intégrer la mission qu'il dirigeait au caveau de Cléry, où sont enterrés les corps de Louis XI et de Charlotte de Savoie. Ma participation à l'expertise des corps a consisté principalement à la réalisation de leurs odontogrammes (= schémas dentaires). J'ai accepté aussitôt. Les Actes[1] de cette équipe ne seront publiés, chez le même éditeur, qu'en 2015.
Satisfait de mon travail, M. Georges m'a sollicité de nouveau pour l'aider dans une autre fouille, celle d'une fosse de 68 soldats français morts pendant la guerre de Crimée. Ce travail s'est révélé si énorme que j'ai mis près d'une année à me décider à l'entreprendre, effrayé par l'ampleur de la tâche. Et comme souvent, j'ai profité d'un voyage et de vacances pour m'y mettre.

---

[1] Cf. Sous la direction de Patrice Georges-Zimmermann, *Les sépultures prestigieuses de l'église Notre-Dame de Cléry-Saint-André (Loiret), Etude pluridisciplinaire du caveau de Louis XI*, L'Harmattan (éd.), Paris, 2015.

Ces travaux ont fait l'objet de publications dans le monde entier, en français et en anglais. J'ai trouvé légitime de les recueillir dans un ouvrage consacré à ce que j'appelle modestement mon *archéologie dentaire*, celle figurant l'expérience que j'ai vécue. Les Editions universitaires européennes m'ont offert une opportunité de mettre mes résultats en avant, les Editions L'Harmattan, de les finaliser. Je les en remercie tous chaleureusement.
Avant toute chose, cet opus se veut un témoignage sur l'histoire de la médecine, de l'odontologie médico-légale et de l'archéologie, mais un témoignage vivant de ce que l'étude d'une dent peut permettre sur une scène de crime ou sur un site archéologique. C'est de plus un témoignage vécu personnellement sur le terrain, comme je l'ai déjà souligné.

Archéologie, odontologie médico-légale et ADN pulpaire

Aujourd'hui, l'ADN de la pulpe d'une dent, à l'abri de toute pathologie dentaire, constitue un moyen d'investigation remarquable en odontologie médico-légale, mais aussi en archéologie. En effet, de nombreuses recherches historiques emploient ce procédé scientifique afin de préciser différents éléments comme l'origine d'un corps, son identification, les causes de sa mort et son éventuelle filiation, voire même son positionnement dans la longue chaîne de l'évolution humaine. Voici quelques exemples historiques où l'analyse de l'ADN pulpaire a donné des résultats extraordinaires.

Origine

En Andorre, à Segudet, des restes humains provenant d'une tombe préhistorique ont été découverts dans la paroisse d'Ordino, à une altitude de 1 324 m. Ce corps appartient à la période du néolithique ancien (période épicardiale située entre 4 300 et 4 050 av. J.-C.). Ces restes ont été déposés pour étude au laboratoire de Paléoanthropologie de la Unitat d'Antropologia, Dept. Biologia Animal, Vegetal i Ecologia, Universitat Autònoma de Barcelona et ont été identifiés sous le sigle S-2001. Le squelette appartiendrait à un individu adulte, de sexe féminin, dont l'âge du décès a été évalué entre 30 et 35 ans. Après étude de l'ADN mitochondrial d'une canine supérieure droite (13), il a été déterminé que l'individu appartenait à l'haplogroupe européen K, caractérisé par un âge compris entre 12 900 et 18 300 ans. Ainsi, cet haplogroupe est présent dans les populations néolithiques du Pays basque et est majoritairement rencontré dans les populations autochtones d'Andorre.

Ötzi est le nom donné à un corps congelé et déshydraté, retrouvé dans les Alpes de l'Ötztal, à la frontière entre l'Italie et l'Autriche. Il a été découvert le 19 septembre 1991. Agé d'environ 46 ans, il aurait vécu entre 3 350 et 3 100 av. J.-C. L'étude de son ADN dentaire a permis de déterminer qu'il appartenait à la subdivision K1 de l'haplogroupe européen K, très fréquemment rencontré au sud des Alpes et dans la région de l'Ötztal[2].

Identification médico-légale

Le 15 avril 1912, à 2h20, le *Titanic* coule après avoir heurté un iceberg. 1 496 passagers meurent sur les 2 208 à bord. Quelques corps sont repêchés. Parmi eux, un enfant inconnu est découvert le 21 avril et est inhumé au cimetière de Fairview Lawn de Halifax, au Canada. A la fin de l'été 1998, sur l'injonction de familles qui souhaitent identifier des corps susceptibles d'avoir un lien de parenté avec eux, le corps de cet enfant est exhumé. C'est une famille suédoise qui démarche pour cet enfant, les Pålsson. Ils pensent que le petit peut être Gösta Leonard Pålsson, âgé de 2 ans et trois mois, au moment de la catastrophe. A l'exhumation, 3 dents (55, 73, 84) seulement de l'enfant sont retrouvées. Après analyse et

---

[2] Cf. Aquaron Michèle, « Ötzi, témoin et messager de notre passé », in *www.hominides.com*, 2005 ; cf. Aquaron Michèle, « Dernières nouvelles d'Ötzi, l'homme des glaces », in *www.hominides.com*, 2008 et cf. Díaz N., Solórzano E., Montiel, R., García, C., Yañez C. & Malgosa, A., « Détermination génétique de l'individu néolithique de Segudet (Ordino), les restes humains les plus anciens d'Andorre. », in *Antropo*, 2004 ; 7 : 39-44.

comparaison des ADN mitochondriaux de la famille, et des restes, il est établi qu'il n'y a aucun lien de filiation. Après étude, il est reconnu que ces 3 dents sont des dents temporaires. Une analyse anatomique dentaire appropriée démontre que ces dents sont celles d'un bébé dont l'âge se situe dans une fourchette de 9 à 15 mois, pas davantage. Par la suite, une étude microscopique et histologique retrouve de la dentine dans la dent lactéale n° 84, mais pas dans les deux autres. Au laboratoire des ADN anciens de l'université Brigham Young de l'Utah, dans le Colorado, de l'ADN mitochondrial est isolé à partir de cette dentine. Cet ADN mitochondrial provenant de nos mères, des généalogistes sont parvenus à retrouver des descendants des lignées maternelles de tous les enfants de moins de 3 ans décédés dans le naufrage et à en obtenir des échantillons. Ainsi, deux garçons correspondent au profil génétique prédéterminé : l'un a 19 mois et le second, 13 mois. Comparés à leurs ancêtres maternels, les résultats sont les mêmes pour les deux « suspects ». Mais, c'est le second qui correspond aux critères d'âge estimés (9 à 15 mois). Il s'appelle Eino Viljam Panula. Ses restes sont de nouveau inhumés. Il avait 13 mois[3].

Copernic (1473-1543), célèbre astronome, a démontré notamment que l'ensemble des planètes tourne comme le fait la Terre autour du Soleil, l'axe de la Terre oscillant comme ferait une toupie. Il a été enterré dans l'imposante cathédrale de Frombork, au bord de la Vistule, mais personne ne sait exactement où. En 2005, les recherches archéologiques effectuées sur de nouvelles bases explorent cette fois, l'autel Sainte-Croix, un des seize autels adossés aux piliers de la cathédrale. Sous le pavement de marbre,

---

[3] Cf. Titley K., Pynn B., Chernecky R., Mayhall J., Kulkarni V. & Ruffman A., « Le naufrage du Titanic. Le rôle de la dentisterie dans l'identification d'un enfant inconnu », in *L'information dentaire*, 10/11/2004 ; 86 (39): 2643-2646.

les restes de 13 corps sont retrouvés, dont le crâne et les dents d'un homme septuagénaire. Une équipe de spécialistes venus de l'Institut médico-légal de Cracovie et de l'université suédoise d'Uppsala ont pu identifier ces derniers restes comme étant ceux de Copernic. L'enquête a été menée selon les procédés les plus modernes de la police judiciaire. Les tests génétiques notamment ont été pratiqués sur le matériel dentaire, mais la preuve qu'il s'agissait bien de l'ADN de Copernic faisait défaut.
Le matériel précieux, en l'occurrence un cheveu, est finalement trouvé en Suède, dans un livre daté de 1518, intitulé *Calendarium Romanum Magnum* de Johannes Stoeffler, un manuel que Copernic a utilisé pendant sa vie et qui a été emporté par les Suédois au cours des guerres polono-suédoises du XVIIe siècle. La comparaison de l'ADN dentaire et de celui du cheveu a abouti à l'identification certaine des restes du célèbre astronome. Le 22 mai 2010, le corps de Nicolas Copernic a enfin pu être enterré solennellement à la cathédrale de Frombork, 467 ans après sa mort[4].

Empoisonnement
Le cas de Diane de Poitiers (v. 1499/1500-1566), maîtresse de Henri II, fils de François Ier et roi de France, est bien évidemment incontournable. La duchesse d'Etampes (v. 1508-ap. 1575), maîtresse en titre de François Ier, devenue rivale de Diane de Poitiers, *« a fait versifier par un poète à sa dévotion un portrait caricatural de son ennemie. Dans celui-ci, rien n'avait été omis : ni les rides, ni les cheveux teints, ni les fausses dents,... »* La duchesse d'Etampes affublait sa rivale du triste sobriquet de *« vieille édentée »*, en rapport avec ses fausses dents. Effectivement, elle a chargé un poète

---

[4] Cf. Fabre André, *De grands médecins méconnus*, L'Harmattan (éd.), Collection Médecine à travers les siècles, Paris, 2010.

satirique, Jean Voûté, de railler Diane, alors âgée de 38 ans. Auteur d'une publication calomnieuse, dans ses hendécasyllabes imprimés à Paris, en 1537, il lui reproche ses dents artificielles. Ambroise Paré décrit d'ailleurs un appareil prothétique similaire à celui de Diane de Poitiers, dans son livre *Dix livres de chirurgie, avec le Magasin des instrumens nécessaires à icelle* paru chez Jean Le Royer, en 1564, à Paris.

En 2008, au pied de l'église d'Anet, les restes de Diane de Poitiers sont exhumés. Ainsi, une mandibule édentée intacte, un hémi-maxillaire gauche et une dent sont recueillis. Les ossements sont superposés avec le dernier portrait peint de la favorite de Henri II par Clouet en 1562, conservé au musée de Chantilly. Le résultat est conforme aux traits du visage. La dent, quant à elle, fait l'objet de prélèvements ADN qui ont révélé un taux d'or considérablement plus important que la norme. L'or potable sous forme de solution buvable aurait été utilisé comme élixir de longue vie et de beauté par Diane. Cet or l'aurait lentement intoxiquée et tuée. De plus, pour information, *« la mandibule présentait des logettes alvéolaires pour les dents n° 31, 32 et 42 qui étaient absentes. Toutes les autres dents sont tombées en ante-mortem depuis assez de temps pour que l'os ait parfaitement cicatrisé et que les branches horizontales soient amincies au point de donner un aspect sénile à la mandibule. L'hémi-maxillaire gauche portait encore la dent n° 24 qui affichait une usure occlusale marquée et une parodontopathie prononcée*[5]*. »*

---

[5] Cf. Bordonove Georges, *Henri II*, Pygmalion (éd.), Paris, 2007 ; cf. Charlier Ph., Georges P., Huynh-Charlier I., Carlier R. & Poupon J., « Royales dentures. Paléodontologie et pathographie », in *Actes de la Société française d'histoire de l'art dentaire*, http://www.biusante.parisdescartes.fr, Paris, 2009, pp. 43-46 ; cf. Charlier Ph., Huynh-Charlier I. & Carlier R., « Apport de la radiologie en paléopathologie en particulier dans les maladies infectieuses », in *Comité de lecture de la Société française d'histoire de la médecine*,

Bactériémie suite à une épidémie

En décembre 1812, la Grande Armée fait retraite sur Vilnius. En automne 2001, une fosse commune contenant des ossements de soldats français par centaine y est exhumée. Les recherches sont confiées au CNRS. Cette équipe a commencé par les fouilles du site, l'étude anthropologique et l'analyse des uniformes. Les prélèvements de terre, de tissus et de dents ont été remis à l'Unité des Rickettsies et pathogènes émergents du CNRS. Les scientifiques considérés sont parvenus à séparer les poux des prélèvements par une technique de leur invention. Cinq catégories de poux ont pu être ainsi repérées. Dans 3 d'entre elles, la bactérie *Bartonella quintana*, vecteur de la maladie du typhus, a été isolée. A suivi l'étude des dents de 35 soldats à partir de la pulpe dentaire[6]. Cette pulpe présente sous forme de poudre, après étude ADN, a permis de déterminer l'existence de bactéries ayant contaminé leur hôte : *Bartonella quintana* dans 7 corps et *Rickettsia prowazekii* dans 3 autres. Autrement dit, après examens, 30 % des soldats enterrés à Vilnius souffrent de maladies causées par les poux et en seraient morts. Ces insectes, vecteurs de la maladie du typhus, ont donc joué un rôle

---

13/06/2009, Paris ; cf. Desgardins E., « Rivalité d'Anne de Pisseleu et de Diane de Poitiers », in *Conférence des sociétés savantes, littéraires et artistiques de Seine-et-Oise. Compte-rendu et communications de la 4ème réunion tenue à Etampes, les 13 et 14 juin 1909*, Librairie Flizot, Etampes, 1909, pp. 100-109 et cf. Hofstein Cyril, « C'est l'or qui a tué Diane de Poitiers », in *www.lefigaro.fr*, 24/04/2009, p. 1.

[6] Cf. Plos One, « La preuve par la bouche », in *Le Point*, 31/10/2013, n° 2146, p. 26 ; cf. Raoult Didier, « Les soldats de Napoléon battus par les poux : la biologie réécrit l'histoire », in *http://www.futura-sciences.com*, 2001-2010, pp. 1-6 ; cf. Riaud Xavier, *Les dentistes détectives de l'histoire*, L'Harmattan (éd.), Collection Médecine à travers les siècles, Paris, 2007 et cf. Riaud Xavier, « La médecine napoléonienne au combat », in *The International Napoleonic Society*, Montréal, 2010, http://www.napoleonicsociety.com, pp. 1-4.

prépondérant dans la retraite de Russie. Cette pathologie a été la première cause de mortalité durant cette campagne. Elle a été responsable de 80 % des morts par maladies. D'après Oleg Sokolov, 300 000 hommes seraient morts lors de la campagne de Russie. Cinq hommes sont morts suite à une maladie pour un au cours des combats.

La fouille du cimetière protestant de Saint-Maurice du XVIIe siècle en 2005, menée sous la direction de l'INRAP et en collaboration avec le Laboratoire départemental d'archéologie du Val-de-Marne, a mis en évidence plus de 165 inhumations ainsi que les vestiges du premier temple. Les premières analyses paléopathologiques montrent les symptômes d'un rachitisme vitamino-résistant sur une grande partie de la population inhumée ainsi que la présence de la peste chez trois individus. L'identification du bacille pesteux a été faite sur deux individus de sexe masculin et féminin provenant de la nécropole. Le troisième a été reconnu sur une inhumation momifiée. Il a été retrouvé en 1986, dans un sarcophage en plomb. L'inhumé concerne un noble anglais, Thomas Craven, protestant et membre de l'église réformée parisienne, mort en 1636, à l'âge de 18 ans. Les analyses biomoléculaires ont été réalisées par le Laboratoire des Rickettsies de la Faculté de médecine de Marseille. Les prélèvements dentaires ont concerné sept sépultures, incluant la momie du noble anglais Thomas Craven et six sépultures prises au hasard. Deux gènes, dont la séquence est spécifique de la bactérie responsable de la peste, *Yersinia pestis*, ont été amplifiés par la technique PCR en présence de témoins négatifs. Au total, 3 individus ont reçu un diagnostic de certitude de peste, et un autre, un diagnostic probable. La momie de Thomas Craven a été ainsi le premier individu pestiféré identifié[7].

---

[7] Cf. Hadjouis D., Vu L. D., Aboudharam G., Drancourt M. & Andrieux P., « Présence de la peste (*Yersinia pestis*) dans le cimetière

Filiation

Fils du prince héritier Frédéric III et de son épouse Victoria, princesse royale du Royaume-Uni, Guillaume II (1859-1941) revendique malgré tout son ascendance prussienne et conteste la suprématie maritime du Royaume-Uni. Il devient empereur en 1888. Son règne est marqué par un militarisme exacerbé. Il renvoie le chancelier Bismarck en 1890 et ne renouvelle pas le pacte germano-russe d'assistance mutuelle. Sa politique étrangère agressive le met en confrontation directe avec le Royaume-Uni et l'isole sur un plan diplomatique. Il n'a pas provoqué la Première Guerre mondiale à lui seul, mais n'a rien fait pour l'empêcher. Pendant la guerre, il est commandant en chef des armées, mais bientôt, il perd toute autorité, ce qui le discrédite. Chassé du pouvoir, son abdication est prononcée le 9 novembre 1918. Il s'exile au Pays-Bas. Il meurt à Doorn, dans sa propriété, pendant l'occupation allemande des Pays-Bas, et est enterré dans cette ville. Aujourd'hui, le château de Doorn est ouvert aux visites. Lorsque le guide arrive dans la chambre où l'Empereur est décédé, il prend dans la table de nuit, un petit écrin contenant une dent. En la montrant au public, il explique que c'est grâce à celle-ci que l'existence d'une fille illégitime de Guillaume II a pu être écartée. En effet, une artiste peintre, dont les toiles étaient exposées dans une galerie d'art, arguait de sa soi-disant ascendance impériale. En 1996, un prélèvement ADN est effectué sur les restes de la dame en question. Il est comparé à celui du monarque allemand, obtenu à partir de la dent présentée par le guide. La conclusion est sans équivoque. Il n'y aucun lien de filiation. La supercherie est terminée[8].

---

protestant de Saint-Maurice au XVIIe siècle (Val-de-Marne, France). Archéologie et microbiologie », in *Paleobios*, 2006; 14.

[8] Cf. Lamendin Henri, *Anecdodontes*, Aventis (éd.), Paris, 2002.

Chronobiologie
En août 2008, Richard Green de l'Institut Max-Planck d'anthropologie évolutive de Leipzig a réussi le premier séquençage de la totalité de l'ADN mitochondrial d'une dent d'un Homo neanderthalensis, vieux de 38 000 ans. Les résultats confirment que le dernier ancêtre commun des hommes de Neandertal et des Homo sapiens aurait vécu, il y a 660 000 ans (à 140 000 ans près). Svante Pääbo, également de l'Institut Max-Planck, a, quant à lui, commencé en 1997, son œuvre de déchiffrage avec la première analyse de l'ADN mitochondrial de Néandertalien. L'équipe internationale de chercheurs dirigée par Svante Pääbo a déchiffré une séquence d'environ un million de nucléotides de l'homme de Neandertal, grâce une nouvelle technique appelée le *pyrosequencing*, qui permet d'analyser les séquences d'ADN sans les amplifier. L'équipe d'Edward Rubin, qui a travaillé avec le même matériel en partenariat avec Pääbo, a utilisé une autre méthode et a identifié 65 000 paires de bases. Les deux analyses parviennent à des conclusions très proches relatives à la chronobiologie. Pour l'équipe de Pääbo, les Homo sapiens et les Homo neanderthalensis ont divergé, il y a environ 500 000 ans, tandis que l'équipe de Rubin conclut que les deux espèces auraient partagé un ancêtre commun, il y a environ 700 000 ans, et qu'elles se seraient par la suite séparées, il y a environ 370 000 ans. La différence entre les deux génomes serait inférieure à 0,5 %. Rubin et ses collègues n'ont pas trouvé la trace d'un croisement entre l'homme moderne et l'homme de Neandertal. Les résultats, publiés par l'équipe de Pääbo en 2010, portant sur l'analyse de 4 milliards de paires de bases d'ADN nucléaire issus d'ossements fossiles de trois Néandertaliens, montrent que ceux-ci partagent plus de caractéristiques génétiques avec les Homo sapiens modernes eurasiatiques qu'avec ceux d'Afrique sub-saharienne. Actuellement, les chercheurs envisagent

l'hypothèse selon laquelle les Néandertaliens auraient contribué au génome des populations d'humains modernes non africaines[9].

Conclusion

Aujourd'hui, l'emploi de l'ADN en tant que moyen utilisé dans une recherche scientifique consécutive à une enquête historique ou archéologique est devenu un procédé incontournable. A l'exception de l'estimation de l'âge où les résultats ne semblent pas probants et où de nombreuses questions restent posées, ses champs d'investigations sont quasi illimités, pourvu que l'ADN soit intact et exploitable au vu des vestiges anciens retrouvés sur les sites. Pourtant, s'il est remarquable, ce procédé n'en demeure pas moins un recours extrêmement onéreux.

L'ADN peut être aussi trouvé dans la salive. Ainsi, sur une scène de crime, peut-on recueillir des mégots de cigarette, des traces sur un verre par exemple qui permettent de relever un ADN qui devient coupable après une comparaison avec des fichiers préalablement établis. *« Chaque bouche possède une signature microbienne aussi spécifique que les empreintes digitales. Une étude menée aux Etats-Unis a identifié 400 espèces de bactéries buccales dont seulement 2% sont communes à tous. Chacun des quatre groupes ethniques blancs, chinois, latinos et noirs non hispaniques, possède également une signature différente. »*

---

[9] Cf. Defrance Christophe, « Séquençage complet de l'ADN mitochondrial d'un homme de Neandertal », in *Les Homininés*, hominines.portail-svt.com, 2008 ; cf. Green Richard et al., « A draft sequence of the Neandertal genome », in *Science*, 2010; 328 (5979): 710-722 et cf. Plos One, « La preuve par la bouche », in *Le Point*, 31/10/2013, n° 2146, p. 26.

Références bibliographiques :

Aquaron Michèle, « Ötzi, témoin et messager de notre passé », in *www.hominides.com*, 2005.

Aquaron Michèle, « Dernières nouvelles d'Ötzi, l'homme des glaces », in *www.hominides.com*, 2008.

Bordonove Georges, *Henri II*, Pygmalion (éd.), Paris, 2007.

Charlier Ph., Georges P., Huynh-Charlier I., Carlier R. & Poupon J., « Royales dentures. Paléodontologie et pathographie », in *Actes de la Société française d'histoire de l'art dentaire*, http://www.biusante.parisdescartes.fr, Paris, 2009, pp. 43-46.

Charlier Ph., Huynh-Charlier I. & Carlier R., « Apport de la radiologie en paléopathologie en particulier dans les maladies infectieuses », in *Comité de lecture de la Société française d'histoire de la médecine*, 13/06/2009, Paris.

Defrance Christophe, « Séquençage complet de l'ADN mitochondrial d'un homme de Neandertal », in *Les Homininés*, hominines.portail-svt.com, 2008.

Desgardins E., « Rivalité d'Anne de Pisseleu et de Diane de Poitiers », in *Conférence des sociétés savantes, littéraires et artistiques de Seine-et-Oise. Compte-rendu et communications de la 4ème réunion tenue à Etampes, les 13 et 14 juin 1909*, Librairie Flizot, Etampes, 1909, pp. 100-109.

Díaz N., Solórzano E., Montiel, R., García, C., Yañez C. & Malgosa, A., « Détermination génétique de l'individu néolithique de Segudet (Ordino), les restes humains les plus anciens d'Andorre. », in *Antropo*, 2004 ; 7 : 39-44.

Fabre André, *De grands médecins méconnus*, L'Harmattan (éd.), Collection Médecine à travers les siècles, Paris, 2010.

Green Richard et al., « A draft sequence of the Neandertal genome », in *Science*, 2010; 328 (5979): 710-722.

Hadjouis D., Vu L. D., Aboudharam G., Drancourt M. & Andrieux P., « Présence de la peste (*Yersinia pestis*) dans

le cimetière protestant de Saint-Maurice au XVIIe siècle (Val-de-Marne, France). Archéologie et microbiologie », in *Paleobios*, 2006; 14.
Hofstein Cyril, « C'est l'or qui a tué Diane de Poitiers », in *www.lefigaro.fr*, 24/04/2009, p. 1.
http://fr.wikipedia.org, *Guillaume II d'Allemagne*, 2010, pp. 1-3.
Lamendin Henri, *Anecdodontes*, Aventis (éd.), Paris, 2002.
Plos One, « La preuve par la bouche », in *Le Point*, 31/10/2013, n° 2146, p. 26.
Raoult Didier, « Les soldats de Napoléon battus par les poux : la biologie réécrit l'histoire », in *http://www.futura-sciences.com*, 2001-2010, pp. 1-6.
Riaud Xavier, *Les dentistes détectives de l'histoire*, L'Harmattan (éd.), Collection Médecine à travers les siècles, Paris, 2007.
Riaud Xavier, « La médecine napoléonienne au combat », in *The International Napoleonic Society*, Montréal, 2010, http://www.napoleonicsociety.com, pp. 1-4.
Titley K., Pynn B., Chernecky R., Mayhall J., Kulkarni V. & Ruffman A., « Le naufrage du Titanic. Le rôle de la dentisterie dans l'identification d'un enfant inconnu », in *L'information dentaire*, 10/11/2004 ; 86 (39): 2643-2646.

Archéologie, odontologie médico-légale et structure minérale de l'organe dentaire

Si l'ADN est une source d'informations essentielles dans l'étude archéologique et la compréhension de l'histoire, d'autres éléments de l'organe dentaire appartenant à sa structure minérale, et en particulier les isotopes, apportent des renseignements considérables. Quels sont-ils ?

Température corporelle

Le California Institute of Technology, plus communément appelé Caltech, est parvenu, à partir d'isotopes en provenance de dents de dinosaures, à déterminer leur température corporelle aussi précisément que si elle avait été recueillie avec un thermomètre rectal. Ainsi, le brachiosaure aurait eu une température de 38,2 °C et le camarasaure, de 35,7 °C[10].

Origine géographique

Le H. L. Hunley est un sous-marin confédéré coulé en 1864, au cours du blocus de Charleston, pendant la guerre de Sécession (1861-1865). Le premier à avoir détruit un navire adverse lors de son unique sortie. Il était piloté par 8 servants tous morts pendant le naufrage. Ce vaisseau a été renfloué en 2000. Après l'étude des vestiges, sont venues l'investigation médico-légale et, plus spécifiquement, l'identification de ses hommes d'équipage. L'analyse isotopique des dents a eu pour objectif de

[10] Cf. Lewino Frédéric, « Le Point de la semaine - Sciences », in *Le Point*, 30/06/2011, 2024, p. 30.

définir la provenance de chacun de ces marins[11]. Comme le précise Rozenn Hénaff-Madec (2009), *« la dent se forme selon une chronologie connue. L'émail en formation fixe des éléments comme le carbone, l'oxygène, l'azote et le strontium sous des formes isotopiques différentes. Ce sont l'eau et les aliments qui apportent ces constituants. Ainsi, selon l'origine géographique et le régime alimentaire, les isotopes sont présents à des concentrations différentes. Ce sont les travaux de Hall (1967) sur la concentration en ^{13}C (isotope lourd, mais stable du carbone ^{12}C) dans le maïs, puis ceux de Smith et Epstein (1971) sur les différents types de photosynthèse C3 et C4, et enfin, ceux majeurs, de De Niro & Epstein (1978-1981) qui ont démontré que les rapports isotopiques du carbone $^{13}C/^{12}C$ et de l'azote $^{15}N/^{14}N$ sont intimement liés au régime alimentaire. Ces études ont marqué le début de l'utilisation des isotopes stables en archéologie et en paléoanthropologie. »*

Le même auteur (2009) ajoute : *« Le collagène ne constitue pas le seul support des analyses isotopiques. La fraction minérale des os et des dents (carbonate et phosphate) est aussi le siège d'analyses. En effet, cette fraction minérale reflète l'alimentation dans sa totalité, au contraire du collagène qui ne signe que la présence des protéines. La fraction minérale contient également des isotopes d'oxygène ^{18}O et de strontium ^{87}Sr, éléments liés au contexte géographique. La phase minérale forme 70 % de l'os et de la dentine, et 97 % de l'émail qui est essentiellement constitué d'hydroxyapatite carbonatée (bioapatite). La composante organique est composée à*

[11] Cf. Hénaff-Madec Rozenn, *Enquête médico-légale sur le naufrage du H. L. Hunley*, L'Harmattan (éd.), Collection Médecine à travers les siècles, Paris, 2009.

90 % de collagène en majorité de type I. La dentine est elle-même constituée de collagène de type I. »
Rozenn Hénaff-Madec (2009) précise que : *« Lors de la croissance ou du renouvellement des cellules osseuses, il y a une action du couple ostéoblastes/ostéoclastes, qui est soumise à de nombreux facteurs hormonaux et locaux. Mais, alors que l'os est en perpétuel renouvellement, la dentine et l'émail une fois matures ne subissent plus aucune modification de leur composition chimique. Le collagène dentaire contient donc des signaux contemporains du moment de sa formation. Il semble que le collagène osseux puisse refléter les dix dernières années de la vie de l'individu. De plus, les signaux isotopiques sont variables d'un échantillon osseux à un autre, car soumis aux variations de son renouvellement. »*
En conclusion de son étude, la jeune femme (2009) affirme que : *« Dans le cas des échantillons prélevés au niveau des molaires des hommes du Hunley, il est apparu que, pour quatre d'entre eux, les résultats des analyses ont montré un régime à base de blé, de seigle et d'orge, et cela, dès la petite enfance. Ces hommes seraient donc nés en Europe. Parmi ces quatre personnes, deux d'entre eux ont vécu aux Etats-Unis relativement longtemps, car les analyses isotopiques réalisées au niveau de leurs fémurs ont montré des résultats très proches de ceux qui sont nés et qui vivaient alors en Amérique du Nord. Dans les quatre autres cas, les marins ont grandi en ayant une alimentation à base de maïs et d'autres plantes du même groupe. Ce type de régime étant celui de base des Américains de cette époque, ils seraient donc nés dans le Nouveau Monde*[12]*. »*

[12] Cf. Hénaff-Madec Rozenn, *Enquête médico-légale sur le naufrage du H. L. Hunley*, L'Harmattan (éd.), Collection Médecine à travers les siècles, Paris, 2009.

En 2011, une fosse est exhumée dans le Dorset où sont enterrés de nombreux corps de Vikings (54 corps et 51 crânes). Ils ont été tués par les Britanniques locaux. Après examens, les incisives centrales de ces hommes ont été limées. Les chercheurs supposent que ces mutilations tribales avaient pour but d'effrayer leurs ennemis. Toujours est-il qu'après examens isotopiques de ces fameuses dents, leur origine a été confirmée. Il a même été constaté que l'un de ces cadavres provenait du nord du cercle arctique[13].

Déterminisme de l'âge

Il existe plusieurs formules pour déterminer l'âge d'un corps à partir des dents. Il y a celle de Gustafson (1947) qui utilise six critères de modifications physiologiques des dents observés en fonction du vieillissement, mais qui impose de procéder à des inclusions et à la réalisation de lames minces, par sections polies, ce qui n'est pas à la portée de tous. Il y a aussi celle de Lamendin (1988) qui propose, dans un premier temps, une formule de Gustafson simplifiée qui ne repose que sur trois critères et que le Français juge très vite peu fiable. Puis, ce dernier définit une méthode ne s'appuyant que sur deux critères et prenant en compte les rapports entre la hauteur de translucidité, et la hauteur de parodontose (hors pathologie évidente) avec la hauteur de la racine. C'est la formule de Lamendin (1990). En 1989, Drusini s'intéresse à la translucidité de la dentine radiculaire sur des dents entières. Hélène Martin (1996) a, quant à elle, cherché une méthode de détermination de l'âge à partir du cément dentaire. Il y a enfin le nuancier radiculaire de Guy Collet (1999). Ce dernier a étudié la couleur des racines des dents à différents âges et sur différents échantillons de

[13] Cf. Kennedy Maev, « Incisor raiding: Viking marauders had pattern filled into their teeth », in *The Guardian*, 04/07/2011.

populations. A partir des résultats, il a créé un nuancier qui fait référence aujourd'hui[14].

A la fin de l'année 1976 et au début de 1977, à des fins de réhabilitation de la momie de Ramsès II (1314-1213 av. J.-C.), pharaon égyptien, celle-ci a séjourné huit mois au musée de l'Homme à Paris. Là, elle a subi tous les examens médico-légaux possibles. Les dents n'ont évidemment pas été oubliées. La détermination de l'âge par la méthode de Gustafson a donné un âge de décès à 80 ans, plus ou moins cinq ans[15].

En novembre et en décembre 1995, lors de la translation du corps de sainte Roseline (v. 1270-1329), des examens médico-légaux ont été réalisés. C'est le Dr Franck Domart, chirurgien-dentiste, qui s'est occupé de la partie odontologique. Il a renoncé rapidement à utiliser la formule de Lamendin, car il lui aurait fallu extraire des dents. Il a décidé d'utiliser, pour déterminer l'âge de la relique, la méthode de Drusini. Avec celle-ci, il a estimé l'âge de sainte Roseline au moment de sa mort, à 41,5 ans avec une marge d'erreur de plus ou moins 10 ans. Puis, il a employé la méthode de Gustafson simplifiée[16]. Avec cette dernière, Franck Domart a situé l'âge du corps dans une fourchette comprise entre 50 et 60 ans, avec une marge d'erreur de plus ou moins 10 %.

---

[14] Cf. Lamendin Henri, *Petites histoires de l'art dentaire d'hier et d'aujourd'hui*, L'Harmattan (éd.), Collection Ethique médicale, Paris, 2006.

[15] Cf. Monier Thibault, « Retour sur l'étude paléopathologique de la momie de Ramsès II au musée d'Histoire naturelle (Paris) : 1976-1977 », in *Actes du 1er colloque internationale de Pathographie 2005*, De Boccard (éd.), Paris, 2006, pp. 151-157.

[16] Cf. Grévin Gilles, Boyer Raymond et al., *Une sainte provençale du XIVe siècle, Roseline de Villeneuve*, De Boccard (éd.), Collection De l'archéologie à l'histoire, Paris, 2006.

Régime alimentaire

L'Australopithecus afarensis (4 100 000 ans à 3 000 000 années) présente une mandibule en forme de V rétréci vers l'avant. Les dents ont des particularités communes aux dents actuelles. Malgré tout, elles en diffèrent par certains caractères de spécialisation. L'exemple le plus connu, popularisé sous le nom de Lucy, vient de l'Afar, au nord de l'Ethiopie. Ses molaires et ses prémolaires sont de grande taille. Les incisives sont développées et les canines, saillantes. Le palais est peu profond. Les mandibules sont extrêmement robustes. Les mâchoires sont projetées vers l'avant. L'usure des dents raconte ce que mangeait l'Australopithecus afarensis. La robustesse des os des mandibules et des dents suggère que son alimentation comportait une part importante de nourritures végétales coriaces. L'étude des traces d'usure apporte plus de précisions sur la nature de ce régime alimentaire. La consommation de feuilles a laissé des traces de polissage sur les incisives. Les nourritures provenant du sous-sol et contenant des éléments abrasifs, comme des grains de poussière ou de roche, ont provoqué la formation de petits cratères dans l'émail des molaires[17]. À étudier ses dents, on sait donc que les Australopithèques de l'Afar consommaient abondamment les parties souterraines des plantes (racines, bulbes, tubercules, rhizomes, oignons), comme d'autres aliments coriaces tels que les légumes et les fruits des arbustes des savanes. Toutes ces nourritures sont plus dures que celles qui sont trouvées dans les

[17] Cf. Heim Jean-Louis & Granat Jean, « Les dents humaines : origine, morphologie, évolution », in *La Paléo-odontologie, analyses et méthodes d'étude*, œuvre collective, Artcom (éd.), Paris, 2001 ; cf. Picq Pascal, *Les origines de l'homme ; l'odyssée de l'espèce*, Tallandier (éd.), Paris, 1999 et cf. Riaud Xavier, *Quand la dent mène l'enquête...*, L'Harmattan (éd.), Collection Médecine à travers les siècles, Paris, 2008.

milieux forestiers humides, ce qui explique la face robuste de Lucy et des siens. L'Homo neanderthalensis, quant à lui, évolue entre 100 000 ans et 30 000 ans, en Europe et au Moyen-Orient. La face des Néandertaliens ramenée vers l'avant forme le « museau néandertalien ». Celui-ci se présente sous la forme d'un plan oblique et régulier, qui s'étend du bord du nez à l'arcade zygomatique. Les pommettes ont complètement disparu. L'avancée des arcades dentaires est telle que, vu de profil, un espace dénommé espace rétromolaire sépare la dernière molaire de la branche montante de la mandibule. Ce sont sans équivoque possible des carnivores[18].

Profession
Une étude macroscopique et une étude en microscopie électronique à balayage de deux prémolaires inférieures humaines chez un individu du Néolithique moyen ont permis de mettre en évidence une usure particulière, non physiologique, due à l'utilisation de ses dents comme outil. A l'aide des exemples préhistoriques déjà connus et des exemples ethno-archéologiques, une hypothèse a pu être avancée quant à l'activité artisanale de cet individu. Il était *« crocheur »*[19].

En mars 2008, la momie d'une femme d'époque copte, conservée dans les collections du musée des Beaux-Arts de Grenoble, a subi une étude tomodensitométrique dans

---

[18] Cf. Heim Jean-Louis & Granat Jean, « Les dents humaines : origine, morphologie, évolution », in *La Paléo-odontologie, analyses et méthodes d'étude*, œuvre collective, Artcom (éd.), Paris, 2001 ; cf. Picq Pascal, *Les origines de l'homme ; l'odyssée de l'espèce*, Tallandier (éd.), Paris, 1999 et cf. Riaud Xavier, *Quand la dent mène l'enquête...*, L'Harmattan (éd.), Collection Médecine à travers les siècles, Paris, 2008.

[19] Cf. Gilbert J.-M., « Archéologie et odontologie : la dent-outil, troisième main de l'homme. Le « crocheur » de la nécropole de Benon », in *Groupe vendéen d'études préhistoriques*, 1990, n° 23, pp. 31-59.

la clinique universitaire de radiologie de l'hôpital A. Michallon. Selon Francis Janot (2010), *« (...) Les surfaces coronaires du groupe incisif supérieur (11, 12, 21, 22) de cette femme sont porteuses d'une rainure, de direction mésio-distale, qui est une perte de substance parfaitement indépendante de toute mastication. Elle débute de l'incisive latérale supérieure gauche (22) pour se terminer au point de contact distal de l'incisive latérale supérieure droite. En vue palatine, les surfaces de contact d'aspect polymorphe sont très marquées selon la dent. La dentine, qui est mise largement à nu, porte un schéma de mastication consécutif à des frottements répétitifs sur une substance dure introduite transversalement dans la bouche. De fait, l'objet inséré n'a épargné qu'un modeste pan d'émail vestibulaire et palatin de la couronne de l'incisive supérieure gauche. De plus, des stries parallèles, de direction horizontale, les unes au-dessus des autres, sont identifiées sur la face vestibulaire de la canine gauche. Manifestement, elles sont dues aux insertions répétées du même objet. Les indices d'anatomie dentaire relevés restituent un mouvement d'interposition d'un objet entre les dents qui commence du côté gauche de la denture (à partir de la 22). La face vestibulaire de la canine (23) fait alors fonction de guide. Ainsi, il est possible d'affirmer que cette femme était à prédominance gauchère*[20]*. »* Le même auteur (2010, pp. 89-97) affirme de plus que : *« Effectué des milliers de fois, le mouvement fonctionnel est donc sans aucun doute en relation directe avec la profession exercée par la défunte. Il est donc possible de proposer une reconstitution de la gestuelle*

---

[20] Cf. Riaud Xavier & Janot Francis, *Odontologie médico-légale : entre histoire et archéologie*, L'Harmattan (éd.), Collection Médecine à travers les siècles, Paris, 2010 (passage tiré du chapitre écrit par le Pr Francis Janot intitulé « La marque révélatrice d'une profession portée par l'organe dentaire de la momie de Grenoble », pp. 89-97).

accomplie. Ainsi, les usures polymorphes identifiées sur le groupe incisif supérieur sont provoquées par un mouvement fonctionnel mandibulaire d'avant en arrière qui fait pendant au mouvement manuel oscillatoire de la main gauche qui travaille également à un mouvement de tirage de dedans en dehors pour obtenir une dilacération des fibres de la racine. La face vestibulaire de la 23 fait alors office de calage, tandis que la couronne de la 22 sert de guide de positionnement. De plus, l'usure maximale des surfaces occlusales du groupe incisif droit (11, 12) est consécutive à l'activité musculaire massétérine due aux multiples forces exercées lors de la dilacération des fibres. Cette activité des faisceaux musculaires a modelé la face externe de la branche montante droite de la mandibule et entraîné une contrainte maximale sur la zone osseuse de l'insertion inférieure du muscle au niveau de l'angle mandibulaire. L'exostose (ou enthèse) observée sur l'angle goniaque droit en est la conséquence directe. Elle est la réponse osseuse à cette contrainte répétée tout au long de l'activité professionnelle de la défunte de Grenoble. Naturellement, l'ensemble du mouvement réalisé induit une salivation abondante[21]. *»*

Francis Janot (2010) est convaincu que : *« Il s'agit maintenant de retrouver l'objet qui a laissé une telle abrasion. Plusieurs hypothèses sont envisageables : une activité musicale, un travail de vannerie et de cordes, un travail de tissage, de cuir ainsi que les troubles de bruxomanie. Malheureusement, aucune des marques induites sur la denture par ces différentes activités ne correspond à celles relevées sur la défunte de Grenoble. Pourtant, cette marque odonto-légale possède un parallèle*

[21] Cf. Riaud Xavier & Janot Francis, *Odontologie médico-légale : entre histoire et archéologie*, L'Harmattan (éd.), Collection Médecine à travers les siècles, Paris, 2010 (passage tiré du chapitre écrit par le Pr Francis Janot intitulé « La marque révélatrice d'une profession portée par l'organe dentaire de la momie de Grenoble », pp. 89-97).

dans la statuaire africaine. En effet, le mouvement d'interposition d'une racine est reconnu sur des statuettes en bois de chefs et de devins des ethnies kôngo/vili et kôngo/yombé de la République démocratique du Congo. Par un mouvement de dilacération des fibres de la racine munkwisa, le jus extrait a des vertus hallucinogènes qui exacerbent les pouvoirs de clairvoyance et de vision. Les études pharmacologiques montrent que l'écorce de cet arbuste contient un puissant alcaloïde : l'ibogaïne qui stimule le système nerveux central. Selon la dose ingérée, il entraîne des hallucinations, des tremblements, voire des convulsions. Une activité de voyance ? Les indices anatomiques mis en lumière invitent à entrer plus avant dans le bien maigre dossier concernant les membres du personnel religieux occupés plus spécialement aux questions oraculaires, orales et écrites, à partir du Nouvel Empire en Égypte. (...) Dès lors, l'Égyptienne ancienne du musée de Grenoble pourrait être porteuse, sur son organe dentaire, d'une marque révélatrice d'une activité de clairvoyance[22]*. »*

En conclusion, il me semble bon de rappeler que la dent est un organe imputrescible et, à ce titre, constitue un outil médico-légal extraordinaire, une source d'informations qui, si elle est bien exploitée, peut se révéler quasiment intarissable.

Références bibliographiques :

Gilbert J.-M., « Archéologie et odontologie : la dent-outil, troisième main de l'homme. Le « crocheur » de la

[22] Cf. Riaud Xavier & Janot Francis, *Odontologie médico-légale : entre histoire et archéologie*, L'Harmattan (éd.), Collection Médecine à travers les siècles, Paris, 2010 (passage tiré du chapitre écrit par le Pr Francis Janot intitulé « La marque révélatrice d'une profession portée par l'organe dentaire de la momie de Grenoble », pp. 89-97).

nécropole de Benon », in *Groupe vendéen d'études préhistoriques*, 1990, n° 23, pp. 31-59.
Grévin Gilles, Boyer Raymond et al., *Une sainte provençale du XIVe siècle, Roseline de Villeneuve*, De Boccard (éd.), Collection De l'archéologie à l'histoire, Paris, 2006.
Heim Jean-Louis & Granat Jean, « Les dents humaines : origine, morphologie, évolution », in *La Paléo-odontologie, analyses et méthodes d'étude*, œuvre collective, Artcom (éd.), Paris, 2001.
Hénaff-Madec Rozenn, *Enquête médico-légale sur le naufrage du H. L. Hunley*, L'Harmattan (éd.), Collection Médecine à travers les siècles, Paris, 2009.
Kennedy Maev, « Incisor raiding: Viking marauders had pattern filled into their teeth », in *The Guardian*, 04/07/2011.
Lamendin Henri, *Petites histoires de l'art dentaire d'hier et d'aujourd'hui*, L'Harmattan (éd.), Collection Ethique médicale, Paris, 2006.
Lewino Frédéric, « Le Point de la semaine - Sciences », in *Le Point*, 30/06/2011, 2024, p. 30.
Monier Thibault, « Retour sur l'étude paléopathologique de la momie de Ramsès II au musée d'Histoire naturelle (Paris) : 1976-1977 », in *Actes du 1er colloque internationale de Pathographie 2005*, De Boccard (éd.), Paris, 2006, pp. 151-157.
Picq Pascal, *Les origines de l'homme ; l'odyssée de l'espèce*, Tallandier (éd.), Paris, 1999.
Riaud Xavier, *Quand la dent mène l'enquête...*, L'Harmattan (éd.), Collection Médecine à travers les siècles, Paris, 2008.
Riaud Xavier & Janot Francis, *Odontologie médico-légale : entre histoire et archéologie*, L'Harmattan (éd.), Collection Médecine à travers les siècles, Paris, 2010 (passage tiré du chapitre écrit par le Pr Francis Janot intitulé « La marque révélatrice d'une profession portée

par l'organe dentaire de la momie de Grenoble », pp. 89-97).

Etude statistique sur les schémas dentaires de soldats français morts pendant la guerre de Crimée (1853-1856) retrouvés à Sébastopol

Ayant travaillé sur les photos des mâchoires de Louis XI et de Charlotte de Savoie à la demande de Patrice Georges, INRAP (Institut national de recherches archéologiques préventives), dans le cadre de la mission que ce dernier dirigeait au caveau de Cléry, j'ai été sollicité de nouveau par M. Georges dans le cadre d'une autre mission du même type : l'exhumation d'une fosse commune de corps de soldats français morts pendant la guerre de Crimée.

Objectif : réaliser les schémas dentaires des mâchoires prélevées dans la fosse commune et effectuer à partir de ceux-ci une étude épidémiologique odontologique.

Matériel : Fichier de photographies de toutes les mâchoires et matériel informatique de nuances des couleurs, et de la luminosité. Etude faite à partir de photographies et non des pièces osseuses qui ne m'ont pas été communiquées.

Sources d'erreurs possibles :
. La qualité des photographies (incidences, clarté pas toujours nette, etc.) ;
. L'étourderie du photographe qui a pris plusieurs fois les mêmes maxillaires en photographie, laissant entrevoir d'autres individus, alors que ce sont les mêmes ;
. La nomenclature attribuée à chaque image utilisée par le photographe n'est jamais la même et rend complexe l'analyse. Pour désigner plusieurs incidences de

photographie d'un même maxillaire, ce dernier utilise, sur le fichier photographique, les mentions suivantes : 54 ; 54bis ; 54ter ou 54.1 ; 54.2 ; 54.3 ou encore 54 ; 55 ; 56.

Nombre de personnes : **68** (- 2 cas douteux : 1 cas se répète et il existe un doute sur un maxillaire accompagnant une mandibule).

1/ *Etude se rapportant aux dents* :

- Dents absentes ante-mortem : **132** dents absentes (résultat tronqué, car de nombreux sujets n'ont qu'un seul maxillaire ou un fragment de maxillaire).

132/68 = **1,94 dent manquante ante-mortem/individu**.

- Dents absentes post-mortem : **479** (résultat tronqué, car de nombreux sujets n'ont qu'un seul maxillaire ou un fragment de maxillaire).

479/68 = **7,04 dents absentes post-mortem par individu**.

- Dents présentes : **401** (résultat tronqué, car de nombreux sujets n'ont qu'un seul maxillaire ou un fragment de maxillaire).

401/68 = **5, 90 dents présentes par individu.**

En bref, 1 012 dents possibles (401 + 479 + 132) ;
132/1012 = *13,04 % de dents absentes ante-mortem* ;
479/1012 = *47,33 % de dents absentes post-mortem* ;
401/1012 = *39,62 % de dents présentes.*
(Résultats tronqués, car de nombreux sujets n'ont qu'un seul maxillaire ou un fragment de maxillaire).

2/ *Etude se rapportant aux pièces osseuses* :

- Nombre de maxillaires retrouvés : 72
- Individu ayant 2 maxillaires : 4 cas, soit 5,88 % des individus.

- Individu ayant 1 maxillaire : 46 cas, soit 67,65 % des individus, soit 2 maxillaires (8,33 %) et 44 mandibules (91,67 %).
- Individu ne présentant plus qu'un fragment de maxillaire : 18 cas, soit 26,47 % des individus.

3/ *Remarque* :

Pour les cas 7, 22, 24, 26, 35, 36, 38, 40, 42, 58, 64, 69, 73, il manque au moins une incisive. A l'époque, le soldat est réformé, car il ne peut pas déchirer les cartouches de poudre avec ses dents qui sont nécessaires au bon fonctionnement de son fusil. A moins qu'il ne se batte dans la marine ou l'artillerie, ou encore qu'il participe à l'intendance.

4/ Pathologies :

- Caries : **49** (résultat tronqué, car beaucoup de dents sont absentes post-mortem et car de nombreux sujets n'ont qu'un seul maxillaire ou un fragment de maxillaire).
49/68 = **0,72 carie par individu.**
En se référant aux dents présentes au nombre de 49/401 = **12,22 % de dents cariées.**
- Parodontopathies : 56 cas, soit 82,35 % des individus qui sont atteints par une maladie parodontale (ce qui n'est pas étonnant au vu du manque de suivi dentaire, d'hygiène dentaire et au vu de l'alimentation riche en viandes, et en vin donnée aux soldats).
- Abrasions occlusales : 57 cas, soit 83,82 % des individus qui bruxent (ce qui n'est pas surprenant au vu du stress généré par la condition militaire du soldat, plus particulièrement dans le cadre d'un conflit militaire). 230 dents sont concernées, soit 230/401 = **57,36 % des dents présentes qui sont abrasées.**
- Versions dentaires : 7 cas, soit 7/68 = **10,30 % des individus qui présentent une dent qui s'est inclinée dans un espace édenté.**

- Risque d'accidents d'évolution de dents de sagesse :

. 58 dents de sagesse présentes dans leurs alvéoles ;

. 14 alvéoles dentaires de dents de sagesse visibles, mais dont les dents sont parties en post-mortem.

Soit (58+14)/1012 = **7,11 % d'accident d'évolution possible sur toutes les dents présentes.**

Soit (58+14)/(401+479) = **8,18 % d'accident d'évolution possible sur toutes les dents présentes post-mortem et absentes post-mortem.**

Le risque d'avoir une infection consécutive à une dent de sagesse par rapport aux autres dents est donc de 8,18 %.

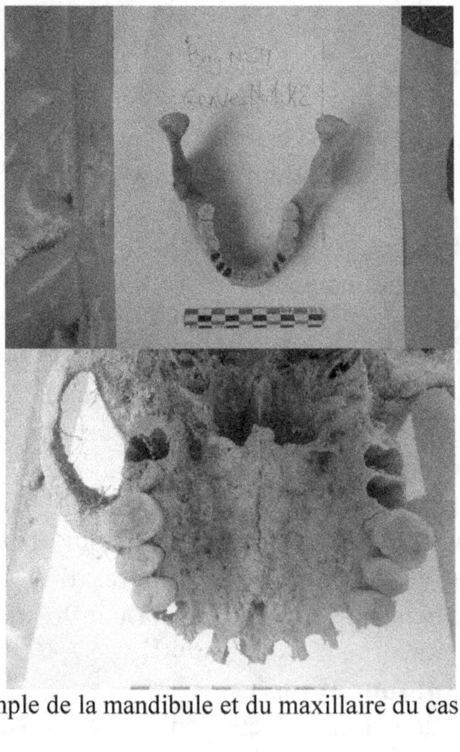

Exemple de la mandibule et du maxillaire du cas 58[23].

[23] Cf. Georges Patrice, communication personnelle, INRAP, Montauban, 2015.

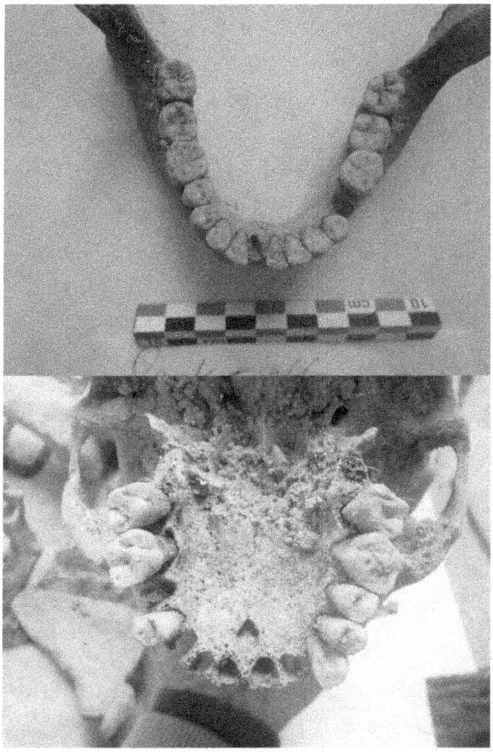

Exemple de la mandibule et du maxillaire du cas 63[24].

Schéma dentaire du cas 63

Maxillaire

Droite Gauche

18 17 16 15 14 13 *12 11 21 22 23* 24 *25* 26 27 **28**

48 47 46 45 44 43 42 *41* 31 32 33 34 *35* 36 37 38

Droite Gauche

Mandibule

Légende :

- en italiques et en rouge : alvéoles vides >> dents perdues en post-mortem ;
- en gras : les dents absentes ou perdues en ante-mortem.

---

[24] Cf. Georges Patrice, communication personnelle, INRAP, Montauban, 2015.

Pas de carie dentaire. Des facettes d'usure sont objectivables aussi bien sur la mandibule que sur le maxillaire, mais avec une prédominance à la mandibule. Une parodontopathie est présente (plus marquée au maxillaire qu'à la mandibule).

Quid de la guerre de Crimée ?
La guerre de Crimée a opposé, de 1853 à 1856, l'Empire russe à une coalition formée de l'Empire ottoman, de la France, du Royaume-Uni et du royaume de Sardaigne. Provoqué par l'expansionnisme russe et la crainte d'un effondrement de l'Empire ottoman, le conflit s'est déroulé essentiellement en Crimée autour de la base navale de Sébastopol. Il s'est achevé par la défaite de la Russie formalisée par le traité de Paris de 1856.

Histoire de l'art dentaire et guerre de Crimée : petite étude.
Les armées du vieux continent recommandent à leurs soldats de prendre soin de leurs dents[25]. Il y a eu une épidémie de scorbut lors du siège de Sébastopol (1854-1855), pathologie qui engendre un mauvais état bucco-dentaire et une perte accélérée des dents par une fonte osseuse suite à une absence de vitamine C. Généralisée à tout l'organisme, cette maladie peut être mortelle. *« Anselme-Eugène Escallier, grenadier Haut-Alpin, ne vit ni la prise de Sébastopol, ni même la victoire de Traktir. Il avait, en bon Champsaurien, résisté au froid glacial. Ses compagnons étaient morts du choléra. Les autres avaient les jambes enflées, perdaient leurs dents et mourraient*

---

[25] Cf. Adams Georges W., *Doctors in Blue, the Medical History of the Union Army in the Civil War*, Louisiana State University Press, Baton Rouge, 1996, pp. 17, 216.

d'épuisement. Le scorbut faisait des ravages dans les rangs de soldats peu nourris[26]*.* »
Pierre Rémy, né le 16 décembre 1834, est entré au 3ème bataillon de chasseurs à pied, le 31 mars 1855. Il passe ensuite au 19ème bataillon de chasseurs à pied, le 31 décembre 1855. Il est présent en Crimée du 21 juillet 1855 au 23 mai 1856. Il obtient son congé de libération, le 31 décembre 1861. Pour la petite histoire, il a ramené de la campagne de Crimée, des pinces pour extraire les dents des soldats[27].

En 1855, Chenu est promu médecin principal de 1ère classe et participe à l'expédition française en Crimée[28]. Dans ses archives, sont mentionnés les cas suivants :

DOUSSIN Jean-Jacques, né le 28 avril 1821, à Gourgé (Deux-Sèvres). — Soldat au 2ème voltigeurs de la Garde. — Coup de feu à la face, le 23 mai 1855. — La balle a pénétré au milieu de la joue droite, enlevé quatre dents molaires et la partie correspondante du maxillaire supérieur, lésé la langue et est sortie derrière l'angle du maxillaire inférieur gauche. — Entré le 1er juin à l'hôpital du terrain de manœuvres. — 26 juin 1855.

BOISSEAU Simon, né le 5 septembre 1830, à La Rochenard (Deux-Sèvres). — Soldat au 2ème Zouaves. — Fracture de la mâchoire inférieure; coup de feu, le 7 juin 1855. — Entré le 11 juin à l'hôpital de Dolma-Bagtché. Evacué le 17 juillet. — Perte considérable de substance du maxillaire inférieur. Lésion qui

---

[26] Cf. Billard Serge, « La guerre de Crimée : Anselme-Eugène Escallier », in *billardbaltyde.com*, 2012.
[27] Cf. Sabot Thierry, « La guerre de Crimée », in *www.histoire-genealogie.com*, 2001.
[28] Cf. Chenu J.-C., *Rapport au Conseil de santé des armées sur les résultats du service médico-chirurgical aux ambulances de Crimée et aux hôpitaux militaires français en Turquie, pendant la campagne d'Orient en 1854-1855-1856*, Édition de 1865.

comprend tout le bord alvéolaire droit depuis la symphyse jusqu'à la branche montante. Perte des dents de la mâchoire supérieure du même côté, à l'exception des incisives qui cependant ont subi une déviation notable. — 7 février 1856.

Les soldats français disposent de fusils Pattern 1853 Enfield. Les soldats doivent déchirer les cartouches avec les dents pour charger leur fusil. L'absence d'incisives supérieures est un motif d'exemption[29].

La guerre de Crimée a eu un effet certain sur les pratiques médicales militaires américaines pendant les années 1860. En 1863, Chisholm publie à Richmond, son *Manuel de la chirurgie militaire.* Destiné aux Confédérés, il fait écho aux découvertes médicales faites pendant le conflit précédent. *« Pour le traitement des blessures par balle au visage ayant entraîné la fragmentation des os, le chirurgien devrait toujours tenter de préserver et de remettre en place le plus grand nombre de portions d'os possible. Il est très souvent surprenant de voir comment de petites connexions avec les tissus mous environnants peuvent suffire à maintenir la vitalité et à aider à la restauration de l'unité de cette région. Dans le cas où une balle doit être extraite, si bien sûr, cela est possible, elle doit l'être par la bouche. L'endroit de la blessure doit être considéré avec beaucoup d'attention ainsi que la mise en place du pansement pour ne pas que le patient avale les sécrétions engendrées par la plaie, responsables d'irritations et de fièvres souvent fatales. Dans le cas d'une hémorragie secondaire venant des branches*

[29] Cf. www.charbon-et-ether.fr, « Les armes d'épaule », 2013.

profondes de cette région, il est nécessaire de ligaturer le tronc principal[30]*. »*
Pierre Apolloni Préterre (1821-1893), dentiste français, devient, à partir de 1859, un précurseur en prothèse maxillo-faciale. Figurant parmi les grands prothésistes de l'époque, il a été chargé, par le ministère de la Guerre, dès 1860, d'appareiller les blessés maxillo-faciaux des guerres du Mexique, d'Italie, de Crimée et de 1870[31]. *« Ses appareils ont fait l'admiration du public professionnel ».* Il conservera une collection de moulages des blessés appareillés par ses soins, à son cabinet. Aujourd'hui, certaines de ses pièces sont toujours visibles au musée du Val-de-Grâce.
Thomas W. Evans (1823-1897), dentiste américain de Napoléon III, se déplace jusqu'à Moscou et visite les hôpitaux. Il est effaré d'y trouver des conditions de vie et de soins aussi précaires. Il s'indigne devant la lenteur des soins et ne manque pas de soigner des officiers français, et russes blessés à Sébastopol[32].
Pendant la guerre de Crimée, l'anesthésie au chloroforme s'est généralisée à toute l'armée française. Celle-ci permet de supprimer toute douleur et de régulariser les blessures. Le 25 juillet 1855, Jean-Baptiste-Lucien Baudens (1804-1857) est nommé inspecteur du service de santé de la Corse, de l'Italie et de l'armée d'Orient. Après la prise de Sébastopol, fin septembre 1855, il est chargé d'une tournée d'inspection des hôpitaux. En visitant ceux de Constantinople, il est surpris de rencontrer des soldats français de retour de la guerre de Crimée atteints du

---

[30] Cf. Riaud Xavier, *Les dentistes américains dans la guerre de Sécession (1861-1865)*, L'Harmattan (éd.), Collection Médecine à travers les siècles, Paris, 2012.
[31] Cf. Lamendin Henri, *Praticiens de l'art dentaire du XIVe au XXe siècle*, L'Harmattan (éd.), Collection Médecine à travers les siècles, Paris, 2006.
[32] Cf. Zimmer Marguerite, *Histoire de l'anesthésie*, EDP Sciences, Les Ulis, 2008.

scorbut notamment. Son rapport conclut à des installations précaires, mais tenues avec la plus grande hygiène. Selon lui, le chloroforme aurait été employé à 30 000 reprises, sans avoir jamais causé le moindre accident[33].

Dr Thomas Evans[34].

Conclusion

A la fin du XIXe siècle, il n'y a pas de dentiste dans les campagnes et l'hygiène bucco-dentaire y est inexistante. Il n'y a pas non plus de service dentaire dans l'armée. Celui-ci ne verra le jour qu'en 1916. Si soins dentaires il y a, ils sont effectués dans un contexte précaire et rudimentaire et, le plus souvent, ne se résument qu'à des extractions dentaires. Le dentiste n'obtiendra officiellement un statut qu'en 1892, avec la loi Brouardel. Les soldats à qui il manque les incisives supérieures sont exemptés ou, pour ceux qui ne le sont pas, réaffectés vers l'artillerie. Mais, chez les officiers, ce problème est source de vraies

[33] Cf. Zimmer Marguerite, *Histoire de l'anesthésie*, EDP Sciences, Les Ulis, 2008.

[34] Cf. Collections of the University of Pennsylvania Archives, Philadelphie, 2005, © University of Pennsylvania.

difficultés dans le commandement par les problèmes d'élocution que cela occasionne[35].

Pendant la Guerre 14-18, une étude a été réalisée par Bourgeois, dentiste militaire, pendant 22 mois sur les soldats d'un régiment territorial proche du front et pendant 8 mois sur ceux d'une division d'active[36]. Il en expose les résultats au Congrès dentaire interallié (1916). Il constate que *« l'alimentation trop carnée, la sédentarité qui empêche les soins hygiéniques »* sont parmi les causes susceptibles de provoquer des troubles digestifs sérieux et des pathologies bucco-dentaires.

Chez les premiers, les gingivites et les parodontites se multiplient impliquant des détartrages, et des extractions nombreuses responsables de leur envoi dans un centre de prothèse dentaire.

Chez les seconds, jeunes gens de 20 à 30 ans, une recrudescence des caries à évolution rapide est constatée générant des pulpites, des abcès dentaires invalidants.

Il constate enfin que : *« Trois hommes d'une compagnie de territoriaux, où la nourriture était très rationnelle et comportait une large part de légumes frais, pouvaient être envoyés au centre de prothèse bien longtemps avant trois soldats d'une compagnie voisine dont les aliments étaient plus carnés et moins bien préparés. »*

---

[35] Cf. Augier Sylvie, *Les chirurgiens-dentistes français aux armées pendant la Première Guerre mondiale (1914-1918), Organisation d'un service dentaire et stomatologique*, Thèse Doct. Chir. Dent., Lyon I, 1986, p. 9.

[36] Cf. Bourgeois C., « Des lésions dentaires et buccales dans les formations de l'avant ; leur évolution au cours de la campagne. Amélioration et transformation possible du matériel en usage », in *Congrès dentaire interallié 1914-1917*, G. Villain (éd.), tome II, Paris, 1917, pp. 1179-1184.

Bourgeois sous-entend qu'un régime alimentaire équilibré influe de manière incontestable sur les temps de cicatrisation post-extractionnelle[37].
Dans les deux cas, les plus âgés le plus souvent appareillés, lorsque les prothèses sont altérées ou brisées, encombrent les hôpitaux pour des problèmes gastro-intestinaux. De plus, l'absence, même temporaire, d'un appareil, est source de troubles phonétiques qui posent de sérieux problèmes pour le commandement des officiers notamment.

Après examen de l'étude que j'ai faite sur les mâchoires des soldats français morts pendant la guerre de Crimée, les statistiques observées s'expliquent parfaitement si l'on considère l'étude du dentiste Bourgeois réalisée pendant la Première Guerre mondiale.

Références bibliographiques :

Adams Georges W., *Doctors in Blue, the Medical History of the Union Army in the Civil War*, Louisiana State University Press, Baton Rouge, 1996.
Augier Sylvie, *Les chirurgiens-dentistes français aux armées pendant la Première Guerre mondiale (1914-1918), Organisation d'un service dentaire et stomatologique*, Thèse Doct. Chir. Dent., Lyon I, 1986.
Billard Serge, « La guerre de Crimée : Anselme-Eugène Escallier », in *billardbaltyde.com*, 2012.
Bourgeois C., « Des lésions dentaires et buccales dans les formations de l'avant ; leur évolution au cours de la campagne. Amélioration et transformation possible du matériel en usage », in *Congrès dentaire interallié 1914-1917*, G. Villain (éd.), tome II, Paris, 1917, pp. 1179-1184.

---

[37] Cf. Riaud Xavier, *Première Guerre mondiale et stomatologie : des praticiens d'exception...*, L'Harmattan (éd.), Collection Médecine à travers les siècles, Paris, 2008.

Chenu J.-C., *Rapport au Conseil de santé des armées sur les résultats du service médico-chirurgical aux ambulances de Crimée et aux hôpitaux militaires français en Turquie, pendant la campagne d'Orient en 1854-1855-1856*, Édition de 1865.

Collections of the University of Pennsylvania Archives, Philadelphie, 2005.

Georges Patrice, communication personnelle, INRAP, Montauban, 2015.

Lamendin Henri, *Praticiens de l'art dentaire du XIVe au XXe siècle*, L'Harmattan (éd.), Collection Médecine à travers les siècles, Paris, 2006.

Riaud Xavier, *Première Guerre mondiale et stomatologie : des praticiens d'exception…*, L'Harmattan (éd.), Collection Médecine à travers les siècles, Paris, 2008.

Riaud Xavier, *Les dentistes américains dans la guerre de Sécession (1861-1865)*, L'Harmattan (éd.), Collection Médecine à travers les siècles, Paris, 2012.

Sabot Thierry, « La guerre de Crimée », in *www.histoire-genealogie.com*, 2001.

www.charbon-et-ether.fr, « Les armes d'épaule », 2013.

Zimmer Marguerite, *Histoire de l'anesthésie*, EDP Sciences, Les Ulis, 2008.

Discussion autour de la présumée identification du crâne de Henri IV

Introduction

Dimanche 13 mars 2011, à 20h30, était diffusé, sur France 5, un documentaire où était narrée l'enquête qui aurait abouti à l'identification *« formelle »* du crâne de Henri IV par une équipe de scientifiques dirigée par le Dr Philippe Charlier, un médecin légiste - anthropologue bien connu. Tout au long de l'émission, des éléments ont été présentés comme étant autant de *« preuves »* de cette identification. En premier plan, est apparu le Dr Philippe Charlier qui jouait le rôle de fil conducteur et de détective, agrémenté d'une voix off qui cherchait à étoffer l'argumentaire d'un semblant de suspens. Malgré tout, des incohérences sont vite devenues évidentes. En 2012, une seconde émission du même genre a été diffusée sur la même chaîne, cette fois présentée par un journaliste, qui s'est révélé être un proche collaborateur du Dr Charlier, qui conclut aux mêmes résultats et qui laisse en suspens les mêmes questions que la première émission. Quelque temps après, les deux hommes ont même publié ensemble un livre sur la question. A chaque fois, des arguments ont été mis en avant, puis développés, le tout dans un ensemble médiatique de vulgarisation qui semble cohérent, sous forme d'enquête policière tout public, aboutissant inéluctablement à l'identification du crâne de Henri IV, selon les deux auteurs.

Pourtant, avec un peu de méthodologie, de recul scientifique et de connaissances historiques, ces éléments peuvent être contestés un par un, jetant un trouble certain sur les certitudes affichées. L'objectif de cette étude est d'être exhaustif dans une contre-argumentation qui ne se veut pas polémique.

Les acteurs

Le Dr Philippe Charlier est maître de conférences des universités, praticien hospitalier dans le service de médecine légale de l'hôpital universitaire Raymond Poincaré de Garches et chercheur au Laboratoire d'éthique médicale de l'université de Paris V. Il dirige une équipe pluridisciplinaire qui travaille en anthropologie, paléopathologie et pathographie. Il dirige aussi la collection « Pathographie » aux Editions de Boccard. Primé par l'Académie française et l'Académie nationale de médecine pour deux de ses livres, il aurait travaillé notamment sur les restes d'Agnès Sorel, de Foulque III Nerra d'Anjou, de Diane de Poitiers, les restes de Jeanne d'Arc (qui ne l'étaient pas) et de Henri IV notamment.
Stéphane Gabet, quant à lui, est un journaliste, ancien[38] rédacteur en chef de l'émission « Secrets d'histoire » et actuel rédacteur en chef à Galaxie Presse. Ces deux hommes ont commis quelques publications majeures sur le sujet :

- 2 émissions TV sur France 5 (2011, 2012).
- Charlier P. & al. (2010) — « Multidisciplinary medical identification of a French king's head (Henri IV) », in *British Medical Journal*, 341: c6805.

[38] Il faut insister sur le mot « ancien ». A l'issue de cette publication, le Dr Charlier qui était un chroniqueur régulier de l'émission TV « Secrets d'histoire » présentée par le journaliste Stéphane Bern a disparu des écrans. Lors d'une deuxième émission consacrée à Henri IV où le mystère du crâne de Henri IV est évoqué, les recherches du scientifique ne sont même pas mentionnées. Dès lors, quid de leur crédibilité ?

- Charlier P. & al. (2013) — « Genetic comparison of the head of Henri IV and the presumptive blood from Louis XVI (both Kings of France) », in *Forensic Science International*, Vol. 226, Issue 1, pp. 38-40.
- Charlier P. & al. (2011) — « La tête momifiée de Henri IV. Une identification médico-légale », in *La revue du praticien*, vol. 60, pp. 1474-1477.
- Charlier P. & Gabet S. (2013) — *Henri IV, l'énigme du roi sans tête*, Vuibert (éd.), 156 p.

et bien d'autres de moindre importance[39]...

Argumentaire historique

23 arguments (24 si l'on se réfère à l'historique du parcours de cette relique) ont été avancés qui identifient le crâne comme étant celui de Henri IV formellement, puis plus récemment avec une probabilité *« supérieure à 99,99% »* selon Mrs Gabet et Charlier[40].

Le corps de Henri IV est enterré à Saint-Denis. Il est exhumé en 1793, lors des pillages révolutionnaires. Joseph Emile Bourdais, convaincu de son appartenance à Henri IV, achète pour 3 frs son supposé crâne à une vente aux enchères en 1919. A sa mort, il confie la relique à sa sœur, Mme Gaillard. A la mort de cette dernière, la relique disparaît sans laisser de trace. Elle aurait été rachetée par M. Jacques Bellanger de Châteaudun, juste avant le décès de Mme Gaillard. Celui-ci aurait écrit à Jean-Pierre Babelon de l'Académie des inscriptions et des belles-lettres qui s'en serait souvenu.

Une remarque s'impose. Il n'existe pas de source directe témoignant de l'absence ou du prélèvement de la tête du

---

[39] Cf. Charlier P. & Gabet S., *Henri IV, l'énigme du roi sans tête*, Vuibert (éd.), Paris, 2013.

[40] Cf. Charlier P. & Gabet S., *Henri IV, l'énigme du roi sans tête*, Vuibert (éd.), Paris, 2013.

cadavre de Henri IV exhumé à Saint-Denis en 1793. Que devient ce crâne entre 1793 et 1919 alors que de nombreux témoignages attestent que le corps a été mis dans une fosse commune le 14 octobre 1793, avec d'autres dépouilles, et recouvert de chaux? A ce propos, Charlier et Gabet (2013) affirment : *« La séparation de la tête du corps par un révolutionnaire en 1793, dans le contexte d'une mutilation délibérée »* Ne sachant pas comment la tête aurait pu être prélevée, les deux hommes supputent, sans preuve historique, par simple allégation, qu'Alexandre Lenoir, grand collectionneur de reliques, aurait volé ce crâne. Qui le prouve? Les mêmes de dire: *« Enfin, on peut affirmer avec quasi-certitude que la tête a été séparée du reste du corps à l'aide d'une arme blanche, vraisemblablement un couteau ou un sabre, en tout cas un outil bien affûté. On voit assez clairement que le plan de section passe au niveau de l'extrémité inférieure du cou, entre deux vertèbres. »* Où sont les témoignages et documents historiques corroborant cette pratique sur le corps de Henri IV? Il n'y en a pas. Pourtant, les témoins des exhumations ont été nombreux. Un seul témoignage de 1793 fait état d'un soldat ayant utilisé son sabre pour couper la moustache de Henri IV. Si aucun témoignage n'existe de la décollation de cette tête, comment attester dès lors que la tête a bien été enlevée lors des exhumations de 1793? Et si ce n'est pas le cas, comment être sûr que le crâne de Joseph Emile Bourdais est bien celui de Henri IV?

Effectivement, Alexandre Lenoir a bien volé des reliques royales lors des exhumations. Elles figurent dans une caisse qui a été restituée à Saint-Denis en 1898 et qui a été authentifiée comme étant de Lenoir lui-même. Voici le détail des ossements prélevés dont l'origine reste douteuse:

- Omoplate de Hugues Capet ;
- Fémur de Charles V ;
- Tibia de Charles VI ;

- Vertèbre de Charles VII ;
- Vertèbre de Charles IX ;
- Côte de Philippe le Bel ;
- Côte de Louis XII ;
- Mâchoire inférieure de Catherine de Médicis ;
- Tibia du cardinal de Retz.

De plus, ses collections sont connues et répertoriées. Il n'y figure aucun crâne[41].

Enfin, il existe un véritable trafic de reliques issues de diverses exhumations dans Paris, en 1793. Les dents de Turenne, Voltaire et même Molière ont fait l'objet de ce marché noir. Un crâne royal aurait valu une fortune. Comment le dérober devant une multitude de témoins, d'autant plus que Lenoir était connu et en charge par la Constituante de veiller au patrimoine français? Déroger à sa mission lui aurait fait perdre sa tête.

Argumentaire scientifique

Il existe donc 23 arguments scientifiques[42]. Quatre se terminent par des points d'interrogation laissant planer un doute. Aucun n'est une preuve formelle d'identification. Six seulement revendiquent une comparaison avec des éléments d'origines diverses. Ces origines sont-elles certaines?

- Arguments 1, 3, 4: Sexe masculin, leucoderme (blanc de peau), sujet anthropologiquement caucasien[43].

Ce ne sont que des caractéristiques physiques. En aucun cas des preuves, ni des arguments en faveur d'une identification. Ne suis-je pas moi-même détenteur de ces caractéristiques ? Pourtant, je ne suis pas de sang royal.

---

[41] Cf. Anonyme, « La caisse d'ossements royaux d'Alexandre Lenoir », in *L'Histoire*, www.histoire.presse.fr, 2012.

[42] Cf. Charlier P. & Gabet S., *Henri IV, l'énigme du roi sans tête*, Vuibert (éd.), Paris, 2013.

[43] Cf. Charlier P. & Gabet S., *Henri IV, l'énigme du roi sans tête*, Vuibert (éd.), Paris, 2013.

- Argument 2: Age adulte mature. Mort à 57 ans[44].
Il n'y a pas de datation de l'âge précise. Mature, cela ne donne aucune indication sur l'âge exact de la relique. Il n'y a pas non plus d'écart-type. Il s'agit juste d'une constatation imprécise. Là encore, ce n'est pas une preuve. Il n'y a plus de dent sur le crâne pour une datation efficace. (Ex. : momie de Ramsès II (80 ans +/- 5 ans par la méthode de Gustafson)).

- Argument 5: Très mauvais état bucco-dentaire. Pertes dentaires ante-mortem multiples[45].
La mauvaise dentition de Henri IV est bien connue. Ses fluxions répétées également. Mais, le 13 mai 1610, un décret de Richelieu fait émousser toutes les dagues du palais. Richelieu est fatigué de voir les convives de ses banquets se curer les dents avec, ce qui décrit bien les bourrages causés par leurs caries et le mauvais état bucco-dentaire des contemporains (invention du couteau à bout rond). Henri IV n'est donc pas un cas isolé. Le sucre fait son apparition à la cour de France avec les pâtissiers de Marie de Médicis. Louis XIII adore faire des gâteaux et connaît aussi de gros problèmes dentaires [46]. Dans l'émission TV, une dent du musée Tavet-Delacour est présentée comme ayant été celle de Henri IV. Elle présente un fil d'or qui l'entoure. Le crâne a perdu en post-mortem la 28 et la 38. Cette dent est une 18. L'artifice de prothèse serait daté du la première moitié du XXe siècle selon Charlier lui-même[47]. Pourtant, elle est

---

[44] Cf. Charlier P. & Gabet S., *Henri IV, l'énigme du roi sans tête*, Vuibert (éd.), Paris, 2013.
[45] Cf. Charlier P. & Gabet S., *Henri IV, l'énigme du roi sans tête*, Vuibert (éd.), Paris, 2013.
[46] Cf. Héroard J., *Journal de Jean Héroard*, Fayard (éd.), Paris, (réédition du journal de 1601-1628), 1989.
[47] Cf. Delorme P., *La mauvaise tête de Henri IV, contre-enquête sur une prétendue découverte*, communication personnelle, 23 avril 2013 et cf. Delorme P., *La mauvaise tête de Henri IV, contre-enquête sur*

montrée comme ayant appartenu à Henri IV dans l'émission TV. Les détenteurs de prothèses dentaires (fil d'or + dent) contemporains d'Henri IV sont connus (Henri III, Diane de Poitiers). Souvent raillés dans des poèmes satiriques pour cette raison ou présentés dans des chroniques diverses[48]. Babelon dans son *Henri IV* (1982) a découvert un document de 1576 qui indique 20 sols par mois pour des cure-dents en bois de lentisque à l'usage du roi de Navarre dont il fait une grande consommation et en 1581, le registre de la Chambre des Comptes de Pau porte qu'il a été alloué à l'argentier 15 livres, 15 sols pour de *« l'or pour plomber les dents du Roy. »* De même, il a été remis à maître Pierre, chirurgien, un cautère d'or qui pèse 5 écus et la façon, 15 sols. En 1576, il est au château de Nérac, avec son épouse, Marguerite de Valois. Pour la séduire, *« il s'approvisionne de poudre d'or pour rendre ses dents plus éclatantes et ses sourires plus irrésistibles[49]. »*
De 1579 à 1582, des achats comme de l'or pour plomber les dents prouvent l'existence de soins corporels chez le futur Henri IV. Ces achats se sont relâchés peu à peu après le départ de Marguerite de Valois, vers 1582[50]. Si Babelon trouve de telles archives, alors pourquoi rien sur une prothèse dentaire? Cette dent est donc discutable et ne doit pas servir d'élément de comparaison.

- Argument 6 : Pilosité rousse avec canitie (cheveux blancs partiels) confirmation histologique. Pigmentation rousse post-mortem surajoutée liée au plomb du cercueil ;

---

une prétendue découverte, Frédéric Aimard & Yves Briend (éd.), Paris, juin 2013.

[48] Cf. Riaud X., *Chroniques odontologiques des rois de France et de la dynastie napoléonienne*, L'Harmattan (éd.), Collection Médecine à travers les siècles, Paris, 2011.

[49] Cf. Babelon J.-P., *Henri IV*, Fayard (éd.), Paris, 1982.

[50] Cf. Archives des Pyrénées-Atlantiques, B63 ; B2398, 2452, 2456, 2458 ; B2537, Basses-Pyrénées, sans date.

Argument 7 : Cheveux coupés à ras/cassés à ras[51].
La tête de Bourdais est presque chauve ou imberbe. Si des prélèvements capillaires ont été effectués par Lenoir, ce qu'il reconnaît lui-même, ils n'expliquent pas que le crâne soit chauve, le portrait de Lenoir (1793) fait lors de l'exhumation étant sans équivoque sur sa chevelure abondante. D'ailleurs, selon lui, ces échantillons prélevés étaient *« petits »*. Jeune, Henri IV a les cheveux blonds-roux. Vieux, tous les portraits le font apparaître les cheveux gris ou blancs. Pas roux[52].

- Argument 8 : Présence de résidus de plomb témoignant d'un séjour prolongé dans un contenant plombé[53].
Cet argument peut-il être considéré comme une référence ? En effet, le corps de Henri IV, si tant est qu'il s'agisse bien de son crâne, a-t-il été le seul à être inhumé dans un cercueil de plomb ? La réponse me semble évidente[54]. En outre, après les exhumations de 1793, son corps est enterré dans une fosse commune, ce qui remonte à plus de 200 ans.

- Argument 9 : Homogénéité isotopique (plomb) entre les échantillons de Pontoise et de la tête[55].
Le Dr Joël Poupon, biologiste toxicologue à l'hôpital Lariboisière de Paris, explique au Dr Charlier que les

---

[51] Cf. Charlier P. & Gabet S., *Henri IV, l'énigme du roi sans tête*, Vuibert (éd.), Paris, 2013.
[52] Cf. Riaud X., *Chroniques odontologiques des rois de France et de la dynastie napoléonienne*, L'Harmattan (éd.), Collection Médecine à travers les siècles, Paris, 2011.
[53] Cf. Charlier P. & Gabet S., *Henri IV, l'énigme du roi sans tête*, Vuibert (éd.), Paris, 2013.
[54] Cf. Riaud X., *Chroniques odontologiques des rois de France et de la dynastie napoléonienne*, L'Harmattan (éd.), Collection Médecine à travers les siècles, Paris, 2011.
[55] Cf. Charlier P. & Gabet S., *Henri IV, l'énigme du roi sans tête*, Vuibert (éd.), Paris, 2013.

échantillons prélevés sur le crâne et sur différentes reliques attribuées à Henri IV du musée Tavet-Delacour, *« ont tous le même profil isotopique, et vraisemblablement la même source et la même origine de plomb. »* Les résultats de cette expérience sont étrangement absents de l'article paru dans le British Medical Journal et, dans le « Supplementary material », le Dr Charlier met un sérieux bémol à son enthousiasme télévisuel. *« Des analyses élémentaires ont été effectuées sur des échantillons provenant du crâne et des reliques de Henri IV de Pontoise. Elles ont révélé la présence de grandes quantités de plomb dans la plupart des échantillons, provenant probablement d'un cercueil de plomb utilisé à l'époque pour l'inhumation des personnages aristocratiques. Le fait que des composés de plomb produits par la dégradation du cercueil se déposent sur les restes est un phénomène ostéo-archéologique bien connu. Les rapports isotopiques du plomb étaient très similaires au sein et entre les deux groupes (tête et échantillons de Pontoise), avec un chevauchement de la marge d'erreur (à deux écarts-types). C'est pourquoi on peut seulement conclure que les deux sources de plomb ont une composition isotopique similaire*[56]*. »*

Après avoir examiné le « Supplementary material » précédemment cité, le Pr Eric Marcoux de l'Institut des sciences de la Terre de l'université d'Orléans affiche une certaine conviction. Il est l'auteur notamment d'*Isotopes du plomb et paragenèses métalliques, traceurs de l'histoire des gîtes minéraux* [...], Bureau de recherches géologiques et minières (éd.), Orléans, 1987[57]. *« Il n'y a*

---

[56] Cf. Charlier P. & al., « Multidisciplinary medical identification of a French king's head (Henri IV) », in *British Medical Journal*, 2010; 341: c6805 et cf. Delorme P., *La mauvaise tête de Henri IV, contre-enquête sur une prétendue découverte*, communication personnelle, 23 avril 2013.

[57] Cf. Delorme P., *La mauvaise tête de Henri IV, contre-enquête sur une prétendue découverte*, communication personnelle, 23 avril 2013.

effectivement aucun résultat de géochimie isotopique Pb de mentionné, seulement la conclusion que « les deux sources de plomb sont identiques », mais aucune donnée ne vient l'étayer. Dans ces conditions, il faut croire l'auteur sur parole. À moins que dans ce type de publication historique, que je ne connais pas bien, il ne soit pas nécessaire de faire état de tous les résultats très techniques. Je peux quand même vous donner les éléments suivants. Les mesures isotopiques ont été réalisées par un quadripôle ICP/MS, appareil très performant mais (pour l'instant) bien moins précis que le TIMS (spectrométrie de masse) en matière de mesures isotopiques. L'incertitude donnée par les auteurs pour l'ICP/MS est de 0.19 à 0.50 %, ce qui est très bon pour ce type de méthode, mais pour les mesures isotopiques, elle est 5 à 10 fois meilleure avec le TIMS. Les auteurs signalent une similitude isotopique à 2 SD près (soit 0,38 à 1 % près). Compte tenu des légères différences isotopiques existant en France entre les différentes mines (en gros le rapport usuel 206Pb/204Pb varie de 18,20 à 18,60) cette incertitude est trop forte pour espérer établir des parentés fiables entre deux ou plusieurs échantillons. En conclusion, l'absence de rapports isotopiques publiés est très dommageable et ne permet pas d'avoir un avis clair sur la fiabilité des conclusions proposées par les auteurs. À titre personnel je suis très sceptique, car la méthode de géochimie isotopique du plomb me semble inadaptée pour établir la filiation, extraordinairement fine, souhaitée. En premier lieu, parce que la signature isotopique du plomb n'est absolument pas spécifique d'un individu, et, dans le cas où elle le serait, la méthode analytique n'est pas assez précise pour étayer solidement d'autres méthodes plus pertinentes exposées dans l'article, mais pour lesquelles je n'ai aucune compétence[58]*. »*

---

[58] Cf. Delorme P., *La mauvaise tête de Henri IV, contre-enquête sur une prétendue découverte*, communication personnelle, 23 avril 2013

- Argument 10: Lésion cutanée hyperpigmentée sur l'aile droite du nez. Lésion attestée sur de nombreux portraits, sculptures et exemplaires de masques mortuaires (naevus)[59].

Certains portraits font effectivement apparaître un naevus (7 selon Charlier), mais de nombreux autres ne le font pas. Sur les 38 portraits présents sur *Gallica*, un seul fait apparaître un naevus. De plus, le masque mortuaire de la bibliothèque Sainte-Geneviève, moulé sur le cadavre du roi le lendemain même de sa mort, ne présente aucun naevus, alors que d'autres détails très précis y figurent.

- Argument 11: Cicatrice osseuse maxillaire ancienne Traumatisme lié à la tentative d'assassinat par arme blanche de Jean Châtel, le 27 décembre 1594[60]?

À propos de la cicatrice osseuse palatine, aucun des textes mentionnant l'attentat de Jean Châtel du 27 décembre 1594 ne fait état d'une pénétration osseuse de la lame du couteau. Ainsi, Pierre de l'Estoile témoigne : *« Le coup porta sur la lèvre haute du costé droit et lui coupa une dent*[61]. » Henri IV lui-même raconte cette agression dans les lettres envoyées aux communes pour les rassurer sur son état de santé. *« ... Un jeune garçon, nommé Jean Châtel, (...) s'avança sans être quasi aperçu et nous pensant donner dans le corps du couteau qu'il avoit ; le coup parce que nous nous étions baissés pour relever les dits seigneurs de Ragny et de Montigny, qui nous saluaient, ne nous a porté que dans la lèvre supérieure du côté droit*

---

et cf. Delorme P., *La mauvaise tête de Henri IV, contre-enquête sur une prétendue découverte*, Frédéric Aimard & Yves Briend (éd.), Paris, juin 2013.

[59] Cf. Charlier P. & Gabet S., *Henri IV, l'énigme du roi sans tête*, Vuibert (éd.), Paris, 2013.

[60] Cf. Charlier P. & Gabet S., *Henri IV, l'énigme du roi sans tête*, Vuibert (éd.), Paris, 2013.

[61] Cf. De l'Estoile P., *Journal du règne de Henry IV, Roi de France et de Navarre*, La Haye, 1741.

et nous a entamé et coupé une dent[62]*... »* Récapitulons, le couteau devait frapper le cou, mais Henri IV bouge, ce qui signifie que son auteur n'a pas le temps de corriger son geste. Autrement dit, ce dernier arrive au contact de la bouche en bout de course. Il fend la lèvre supérieure. Le 5 janvier 1595, selon Babelon, le Béarnais est vu avec encore un emplâtre sur la bouche. Le coup est suffisamment violent toutefois pour faire exploser une incisive centrale. Nulle part, il n'est mentionné de pénétration de la lame de couteau dans l'os, ce qui aurait abouti en finalité à une blessure beaucoup plus sérieuse et invalidante. Dans ce cas, le roi aurait-il eu la force d'écrire aux communes le jour même ou dans les jours suivants ? De plus, où se trouve sur la pièce osseuse présentée, l'alvéole avec sa racine de l'incisive fracturée qui pourrait toujours être présente dans l'os maxillaire[63]?

Charlier lui-même s'interroge: *« Tout d'abord, la cicatrice à la lèvre existe-t-elle vraiment sur cette momie ? [...] Ce que ne dit pas Henri IV, mais ce qu'a consigné l'un de ses chroniqueurs, Pierre de L'Estoile, c'est que son chirurgien a tenté de lui recoudre la bouche avec deux points de suture. Mais, le premier fut si douloureux qu'il refusa le second et garda jusqu'à sa mort une vilaine balafre. [...] »*

Selon Charlier toujours: *« Joseph Émile Bourdais le brocanteur croyait donc voir la marque de cette blessure sur la lèvre supérieure droite. Mais, avec la loupe binoculaire, à cet endroit, on ne remarque rien, hormis un simple petit bourrelet et une large section de la peau au niveau de la face latérale du cou. Rien à voir avec une blessure, Bourdais s'était mépris : il s'agit d'une trace de la décollation, donc survenue bien après la mort de*

[62] Cf. Babelon J.-P., *Henri IV*, Fayard (éd.), Paris, 1982.

[63] Cf. Riaud X., *Chroniques odontologiques des rois de France et de la dynastie napoléonienne*, L'Harmattan (éd.), Collection Médecine à travers les siècles, Paris, 2011.

l'individu[64]. » Ne trouvant rien à droite, Charlier se rend donc à gauche et constate une lésion sur l'hémi-maxillaire gauche (signalé dans le British Medical Journal)[65]. Seulement, Henri IV lui-même écrit dans une lettre officielle le 27 décembre 1594 (jour même de l'attentat) aux villes du royaume, pour les rassurer, qu'il a été *« blessé à la lèvre supérieure droite*[66] *»*.

- Argument 12: Lobe d'oreille droite percée. Boucle d'oreille du côté droit attesté par au moins un portrait conservé au musée de Chantilly[67].

Dans l'émission TV, Babelon lui-même – qui connaît Henri IV mieux que personne – avoue d'abord sa perplexité devant cette oreille perforée, puisqu'il va jusqu'à déclarer : *« Je crois qu'aucun portrait, à moins que je ne me trompe, aucun portrait ne le présente avec des boucles d'oreilles »*. Effectivement, la quasi-totalité des tableaux, gravures et statues représentant le Vert Galant ne comporte aucun ornement auriculaire[68]. Ainsi, le site en ligne *Gallica*, bibliothèque numérique de la Bnf, présente seize portraits gravés de Henri IV datant du XVIe

---

[64] Cf. Charlier P. & al., « Multidisciplinary medical identification of a French king's head (Henri IV) », in *British Medical Journal*, 2010; 341: c6805.

[65] Cf. Delorme P., *La mauvaise tête de Henri IV, contre-enquête sur une prétendue découverte*, communication personnelle, 23 avril 2013 et cf. Delorme P., *La mauvaise tête de Henri IV, contre-enquête sur une prétendue découverte*, Frédéric Aimard & Yves Briend (éd.), Paris, juin 2013.

[66] Cf. De l'Estoile P., *Journal du règne de Henry IV, Roi de France et de Navarre*, La Haye, 1741.

[67] Cf. Charlier P. & Gabet S., *Henri IV, l'énigme du roi sans tête*, Vuibert (éd.), Paris, 2013.

[68] Cf. Riaud X., *Chroniques odontologiques des rois de France et de la dynastie napoléonienne*, L'Harmattan (éd.), Collection Médecine à travers les siècles, Paris, 2011.

siècle et vingt-deux du XVIIe siècle[69]. Aucun d'entre eux ne montre le roi portant une boucle d'oreille. Même lors de sa semi-captivité à la cour de France, entre 1572 et 1576, le jeune roi de Navarre ne semble pas avoir succombé à cette mode. Henri III lui en porte une[70]. Charlier et Gabet exhument une gravure des fonds du musée Condé de Chantilly[71]. Or, cette œuvre de fantaisie du graveur Jean Ganière (ca 1615-1666) est assez largement postérieure à l'assassinat du roi. Cette gravure appartient à la même série que celles du roi Charles Ier d'Angleterre et de son épouse la reine Henriette-Marie, datant des années 1635-1640, et marquées elles aussi « *Ganiere excudit* [Ganière l'a fabriquée][72]. » Mme Nicole Garnier-Pelle, conservateur général du Patrimoine chargé du musée Condé, en dit : *« De toutes nos collections qui comportent plusieurs dizaines de portraits d'Henri IV, tant tableaux que dessins ou sculptures, et 59 gravures (...), je ne connais qu'une gravure où il porte un anneau à l'oreille, c'est celle que j'ai montrée [durant le documentaire de MM. Belet et Gabet], l'estampe P-352, publiée par Ganière, mais elle n'a sans doute pas été réalisée d'après le modèle et ne constitue pas une preuve du port d'un anneau par le roi ; cette mode a pu être*

---

[69] Cf. Delorme P., *La mauvaise tête de Henri IV, contre-enquête sur une prétendue découverte*, communication personnelle, 23 avril 2013 et cf. Delorme P., *La mauvaise tête de Henri IV, contre-enquête sur une prétendue découverte*, Frédéric Aimard & Yves Briend (éd.), Paris, juin 2013.

[70] Cf. Riaud X., *Chroniques odontologiques des rois de France et de la dynastie napoléonienne*, L'Harmattan (éd.), Collection Médecine à travers les siècles, Paris, 2011.

[71] Cf. Charlier P. & Gabet S., *Henri IV, l'énigme du roi sans tête*, Vuibert (éd.), Paris, 2013.

[72] Cf. Delorme P., *La mauvaise tête de Henri IV, contre-enquête sur une prétendue découverte*, communication personnelle, 23 avril 2013 et cf. Delorme P., *La mauvaise tête de Henri IV, contre-enquête sur une prétendue découverte*, Frédéric Aimard & Yves Briend (éd.), Paris, juin 2013.

reproduite par le graveur de sa propre initiative[73]. » Ainsi, des centaines et des centaines de portraits représentent un Henri IV sans boucle d'oreille. Une recherche dans les alcôves d'un musée a dévoilé une unique lithographie de notre roi présentant une boucle d'oreille qui a aussitôt été décrétée comme étant une preuve. Pour que cela puisse être, il aurait fallu une proportion équitable de peintures le montrant avec ou sans cet artifice. Or, il n'en est rien. N'est-ce pas plutôt une fantaisie d'un auteur qui aurait voulu se démarquer des autres en ajoutant ce bijou au roi[74]?

- Argument 13: Datation au C14 correspondante. Fourchette entre 1450 et 1640, pour un décès survenu en 1610[75].

La datation au carbone 14 convient d'un écart-type de 200 ans. C'est considérable d'un point de vue historique et même sur un plan scientifique, car cela n'offre aucun caractère de précision temporelle. Ainsi, Henri IV est mort en 1610. Cent ans avant, cela nous amène en 1510. Le roi était François Ier. Cent ans plus tard, soit 1710, le roi était Louis XIV. Trois époques résolument différentes, incomparables. La fourchette établie selon le scientifique missionné par Philippe Charlier était 1450-1640, soit aux

---

[73] Cf. Delorme P., *La mauvaise tête de Henri IV, contre-enquête sur une prétendue découverte*, communication personnelle, 23 avril 2013 et cf. Delorme P., *La mauvaise tête de Henri IV, contre-enquête sur une prétendue découverte*, Frédéric Aimard & Yves Briend (éd.), Paris, juin 2013.

[74] Cf. Riaud X., *Chroniques odontologiques des rois de France et de la dynastie napoléonienne*, L'Harmattan (éd.), Collection Médecine à travers les siècles, Paris, 2011.

[75] Cf. Charlier P. & Gabet S., *Henri IV, l'énigme du roi sans tête*, Vuibert (éd.), Paris, 2013.

deux extrémités, Charles VIII/ Louis XII – Louis XIII. Cet argument peut-il être pris au sérieux[76]?

- Argument 14 : Superposition anatomique satisfaisante sur masque mortuaire. Exemplaire de la bibliothèque de Sainte-Geneviève ;
Argument 15 : Superposition satisfaisante sur portrait par Barthélémy Tremblay (Pau). Sculpture jugée particulièrement ressemblante par les contemporains (mêmes points de comparaison anatomique)[77].
Concernant le masque mortuaire, celui-ci ne reproduit que les traits centraux du visage, comme l'explique Jacques Guillemeau, chirurgien chargé du rapport d'autopsie de Henri IV, le 15 mai 1610, puis de l'embaumement. Celui-ci en dit: *« Le visage ainsi bien formé, [le sculpteur] faict & y adjouste le reste de la teste, laquelle il proportionne au naturel [...]. (Les œuvres de chirurgie (1612)). »* Dans son article dans *La revue du praticien*, Charlier ne cite pas cette superposition, l'identification ayant été annoncée en 2010. Pour quelle raison[78]?
La statue en marbre de Henri IV, à laquelle notre chercheur se réfère, a été réalisée par Barthélémy Tremblay et finie, après sa mort survenue en 1629, par son gendre, Germain Gissey. Henri IV étant mort en 1610, elle a été terminée plus de 20 ans après[79]. En outre, le portrait-

---

[76] Cf. Riaud X., *Chroniques odontologiques des rois de France et de la dynastie napoléonienne*, L'Harmattan (éd.), Collection Médecine à travers les siècles, Paris, 2011.
[77] Cf. Charlier P. & Gabet S., *Henri IV, l'énigme du roi sans tête*, Vuibert (éd.), Paris, 2013.
[78] Cf. Charlier P. & al., « La tête momifiée de Henri IV. Une identification médico-légale », in *La revue du praticien*, 2011 ; vol. 60, pp. 1474-1477.
[79] Cf. Delorme P., *La mauvaise tête de Henri IV, contre-enquête sur une prétendue découverte*, communication personnelle, 23 avril 2013 et cf. Delorme P., *La mauvaise tête de Henri IV, contre-enquête sur une prétendue découverte*, Frédéric Aimard & Yves Briend (éd.), Paris, juin 2013.

robot établi par M. Jean-Noël Vignal, officier de police judiciaire, semble très imprécis. Ce dernier au cours de l'émission affirme qu'il s'agit tout au plus *« d'un sosie »*[80]. Une simple comparaison entre le portrait-robot obtenu à partir de la tête de Bourdais et une toile représentant Henri IV jeune et imberbe souligne des dissemblances[81]. Les yeux de la tête de Bourdais sont trop rapprochés, la lèvre supérieure trop charnue, la mâchoire trop large alors que le Navarrais avait le menton assez fin – ce que ne laisse plus deviner la barbe taillée « en rond » du roi vieillissant. Enfin, le nez est beaucoup trop court, alors que celui du roi tombait presque au niveau de la lèvre supérieure, comme le confirme le masque de 1610. Charlier dans son article dans *La revue du praticien* admet des limites aux superpositions faciales et mentionne le Pr Franco Rollo, professeur d'anthropologie, expert mondialement reconnu de cette technique[82].

Selon Charlier, *« Limite des superpositions faciales. La bouche de la tête momifiée étant ouverte, la comparaison des superpositions faciales n'a pas pu se faire de façon complète, comme signalé par Franco Rollo. Nous n'avons en pratique tenu compte non pas des 12 points anatomiques réglementaires, mais uniquement de ceux de l'hémi-visage supérieur : courbure du front, glabelle, racine des os propres du nez, base du nez, positionnement maxillaire médian, point inter-incisivaire supérieur. Sur*

---

[80] Cf. Riaud X., *Chroniques odontologiques des rois de France et de la dynastie napoléonienne*, L'Harmattan (éd.), Collection Médecine à travers les siècles, Paris, 2011.

[81] Cf. Delorme P., *La mauvaise tête de Henri IV, contre-enquête sur une prétendue découverte*, communication personnelle, 23 avril 2013 et cf. Delorme P., *La mauvaise tête de Henri IV, contre-enquête sur une prétendue découverte*, Frédéric Aimard & Yves Briend (éd.), Paris, juin 2013.

[82] Cf. Charlier P. & al., « La tête momifiée de Henri IV. Une identification médico-légale », in *La revue du praticien*, 2011 ; vol. 60, pp. 1474-1477.

ces 6 points, l'information importante dans notre étude était de pouvoir exclure (ou non) l'identité proposée. Un point de discordance (sur 6 comme sur 12) aurait éliminé cette identification[83]. » Contacté en 2011, Franco Rollo précise concernant cette reconstitution: « *Comparaison entre le crâne et le masque funéraire du roi. La méthode (travail d'Austin-Smith et Maples, 1994) prescrit qu'on examine 12 points anatomiques en regardant le crâne (et la tête du sujet) de côté (norma lateralis) et autres 12 points en le regardant en avant (norma frontalis). Charlier et ses collègues font seulement l'examen de côté. Cela habituellement voudrait dire qu'on a 12 points de confrontation*[84]. » Selon le Pr Rollo, « *Ici, malheureusement, on n'a pas le moulage de l'entière tête, mais seulement celui du visage. En plus la mâchoire inférieure du crâne est ouverte, par contre celle du masque est serrée. Tout cela signifie qu'on n'a plus 12 points à disposition, mais seulement 3 ou 4 placés entre le front et le nez. Ici, la peau et les tissus mous sont très minces, donc le profil du crâne devrait suivre d'une manière exacte le profil du masque. Tout le monde peut voir que ce n'est pas ainsi. Le front et le nez du crâne ne suivent pas le front et le nez du masque. On doit forcément conclure que le crâne et le masque appartiennent à des hommes différents*[85]. » Le Pr Rollo poursuit : « *On ne peut*

---

[83] Cf. Charlier P. & al., « La tête momifiée d'Henri IV. Une identification médico-légale », in *La revue du praticien*, 2011 ; vol. 60, pp. 1474-1477.

[84] Cf. Delorme P., *La mauvaise tête de Henri IV, contre-enquête sur une prétendue découverte*, communication personnelle, 23 avril 2013 et cf. Delorme P., *La mauvaise tête de Henri IV, contre-enquête sur une prétendue découverte*, Frédéric Aimard & Yves Briend (éd.), Paris, juin 2013.

[85] Cf. Delorme P., *La mauvaise tête de Henri IV, contre-enquête sur une prétendue découverte*, communication personnelle, 23 avril 2013 et cf. Delorme P., *La mauvaise tête de Henri IV, contre-enquête sur une prétendue découverte*, Frédéric Aimard & Yves Briend (éd.), Paris, juin 2013.

se servir d'une statue ou d'une peinture pour établir l'identité d'un crâne ancien, car la statue ou la peinture sont toujours, dans une certaine mesure, le produit de l'inspiration d'un artiste. Par conséquent, la comparaison (faite avec précision, bien sûr !) entre un crâne et une statue ou une peinture donne toujours un résultat négatif. C'est précisément le cas de la statue du château de Pau. Par contre, si nous avons le crâne d'un personnage historique dont nous sommes absolument sûrs de l'identité, nous pouvons nous servir du crâne pour vérifier si un portrait (par le dessin, la peinture, la gravure) est, ou non, ressemblant [86] *. »* Après plusieurs expériences de superposition du crâne avec le masque, le Pr Rollo (16 janvier et 27 février 2011) affirme avec certitude : *« J'ai déjà fait quelques expériences de superposition qui m'ont confirmé que crâne momifié et masque ne peuvent appartenir au même sujet*[87]*. »*

- Argument 16: Reconstitution crânio-faciale satisfaisante[88].

Henri IV est mort en 1610. Son corps est exhumé en 1793. Les textes le décrivent *« la bouche fermée »*. Charlier nous présente un crâne la bouche ouverte et précise qu'il aurait été ouvert lors de la profanation *« pour extraire des dents. » « Quant à la bouche ouverte, cela fausse la*

---

[86] Cf. Delorme P., *La mauvaise tête de Henri IV, contre-enquête sur une prétendue découverte*, communication personnelle, 23 avril 2013 et cf. Delorme P., *La mauvaise tête de Henri IV, contre-enquête sur une prétendue découverte*, Frédéric Aimard & Yves Briend (éd.), Paris, juin 2013.

[87] Cf. Delorme P., *La mauvaise tête de Henri IV, contre-enquête sur une prétendue découverte*, communication personnelle, 23 avril 2013 et cf. Delorme P., *La mauvaise tête de Henri IV, contre-enquête sur une prétendue découverte*, Frédéric Aimard & Yves Briend (éd.), Paris, juin 2013.

[88] Cf. Charlier P. & Gabet S., *Henri IV, l'énigme du roi sans tête*, Vuibert (éd.), Paris, 2013.

reconstitution par ordinateur et invalide le tout, car la tête aurait été embaumée avec la bouche ouverte. Qui peut croire qu'il est possible d'ouvrir la bouche à un cadavre tout sec après 183 ans de sommeil ? De plus, qui a déjà vu un masque mortuaire au plâtre réalisé sur un cadavre la bouche ouverte[89] *? »*

La reconstitution crânio-faciale a été réalisée par l'infographiste Philippe Froesch, spécialiste des reconstitutions en 3D, directeur du studio Visualforensic, installé près de Barcelone. Jean-Pol Beauthier affirme des réalités sur les limites de cette technique: *« Toutes ces techniques [d'identification reconstructive crânio-faciale] sont difficiles et réservées à des laboratoires spécialisés. En effet, l'épaisseur des tissus mous en certains points anthropologiques ne résume aucunement les problèmes et les difficultés de ces méthodes, car le plus important est sans doute la relation et l'équilibre entre les parties nobles du visage. De plus, le visage montre des variations subtiles, qui en font toute la personnalité. Il est impossible que tous les points cutanés soient déterminés ou estimés correctement par les points osseux anthropologiques. Enfin, il faut souligner que nous manquons cruellement de validations scientifiques dans tous ces domaines : seule, la superposition faciale a fait l'objet de travaux scientifiques suffisamment élaborés. Les succès isolés publiés après reconstruction faciale ne préjugent pas de l'origine du succès (ressemblance, opportunité, hasard...) et la recherche scientifique doit impérativement se poursuivre dans ce domaine*[90]*. »*

---

[89] Cf. Riaud X., *Chroniques odontologiques des rois de France et de la dynastie napoléonienne*, L'Harmattan (éd.), Collection Médecine à travers les siècles, Paris, 2011 ; cf. Delorme P., *La mauvaise tête de Henri IV, contre-enquête sur une prétendue découverte*, Frédéric Aimard & Yves Briend (éd.), Paris, juin 2013.

[90] Cf. Beauthier J.-P., *Traité de médecine légale*, Éditions de Boeck Université, Bruxelles, 2008 ; cf. Delorme P., *La mauvaise tête de Henri IV, contre-enquête sur une prétendue découverte*,

Si le résultat est impressionnant et ne peut pas laisser indifférent, peut-on considérer cette reconstitution crânio-faciale par ordinateur assisté comme une preuve scientifique pour autant?

- Argument 17: Présence de noir d'ivoire à la base du cou (pigmentation respectant la face). Charbon déposé sur la peau du défunt, pour absorber les humeurs cadavériques, selon le procédé décrit par Pierre Pigray, embaumeur de Henri IV[91].

Nulle part Pigray n'évoque l'usage de *« charbon animal déposé sur la peau épargnant le visage, pour absorber les humeurs cadavériques. »* Et certainement pas dans son *Epitome præceptorum medicinæ chirurgiæ*[92]. Il ne parle jamais de « noir d'ivoire », c'est-à-dire de charbon obtenu par calcification d'ossements d'animaux. Il semble bien par contre que *« les cendres filtrées et tamisées »* dont il fait état soient d'origine végétale. Mais, l'emploi de cendres de bois dans le processus d'embaumement n'est pas spécifique de Pigray. Tout comme les écrits de l'époque d'autres médecins, et notamment Guillemeau, Pigray recommande de l'asperger ensuite *« tant dedans que dehors »* d'un baume composé de poudre de myrrhe, d'aloès, d'aristoloches, d'iris de Florence, etc., avant de l'envelopper dans une toile cirée. Aucun auteur ne recommande jamais l'usage de cendres animales. Au contraire, il est toujours préconisé l'emploi d'aromates ou d'épices en plus de minéraux comme la chaux, le sable, le plâtre, l'alun ou le sel. Cette trace noire à la base du cou semble donc étrangère à toute provenance royale de cette

---

communication personnelle, 23 avril 2013 et cf. Delorme P., *La mauvaise tête de Henri IV, contre-enquête sur une prétendue découverte*, Frédéric Aimard & Yves Briend (éd.), Paris, juin 2013.

[91] Cf. Charlier P. & Gabet S., *Henri IV, l'énigme du roi sans tête*, Vuibert (éd.), Paris, 2013.

[92] Cf. Pigray P., *Epitome præceptorum medicinæ chirurgiæ*, Regis Chiriatro, & Scholæ Parisiensis Decanoremediorum expositione, 1612.

relique. Pigray, présent lors de l'autopsie de Henri IV, n'est pas celui qui l'a fait. Chirurgien, et non médecin, tout comme Jacques Guillemeau, il est l'élève d'Ambroise Paré dont il suit les préceptes.
Ce dernier recommande: *« De chaux éteinte, de cendre commune ou de chêne*[93]*. »*

- Argument 18: Absence de sciage de la voûte crânienne[94].
L'autopsie du roi a lieu le 15 mai 1610 en présence de 14 médecins et de 11 chirurgiens. Parmi eux, Pigray et Guillemeau. L'embaumement est fait dans la foulée. Tous deux sont des élèves d'Ambroise Paré. Guillemeau recommande deux techniques d'embaumement qui réclament toutes les deux, une crâniotomie[95] . Dans le tome 4 de *son Epitome prœceptorum medicinœ chirurgiœ* (1612), Pigray préconise aussi une craniotomie. Nulle part, il n'a été dit que Pigray aurait été l'embaumeur exclusif de Henri IV. De plus, son livre ne mentionne jamais un quelconque art des Italiens. Pigray y affirme : *« Or le moyen en est tel, il faut ouvrir le corps, vuider tous les ventres, tant inferieur, superieur, que moyen, & conserver*

---

[93] Cf. Malgaigne J.-F., *Œuvres complètes d'Ambroise Paré revues et collationnées sur toutes les éditions avec les variantes* [...], tome III, J.-B. Baillière, Paris, 1841 ; cf. Delorme P., *La mauvaise tête de Henri IV, contre-enquête sur une prétendue découverte*, communication personnelle, 23 avril 2013 et cf. Delorme P., *La mauvaise tête de Henri IV, contre-enquête sur une prétendue découverte*, Frédéric Aimard & Yves Briend (éd.), Paris, juin 2013.
[94] Cf. Charlier P. & Gabet S., *Henri IV, l'énigme du roi sans tête*, Vuibert (éd.), Paris, 2013.
[95] Cf. Guillemeau J., *Les Œuvres de chirurgie de Jacques Guillemeau, chirurgien ordinaire du roy et jure à Paris. Avec les portraicts et figures de toutes les parties du corps humain, & des instruments necessaires au chirurgien. Augmentees, et mises en un : et enrichies de plusieurs traictez, pris des leçons de Me Germain Courtin, docteur en medecine*, chez Nicolas Buon, au Mont Sainct Hilaire, à l'Image Sainct Claude, Paris, 1612.

les parties internes en un vaisseau à part. » Le ventre supérieur est évidemment le crâne[96].
Les techniques d'embaumement incluant la crâniotomie selon les procédés d'Ambroise Paré ont été employées pendant les deux derniers siècles de l'Ancien Régime. Ils ont été appliqués quasi systématiquement pour la descendance ou la parenté de Henri IV. Le dernier à avoir bénéficié de ces techniques est Louis XVIII en 1824. Quant à « l'art des Italiens », il n'existerait pas, la crâniotomie étant largement pratiquée également en Italie[97]. Un seul livre fait état d'un art des Italiens. Reynar Solenander (1524 - ?), médecin allemand, dans ses *Consiliorum medicinalium*, le mentionne, mais signale aussi la craniotomie qui est faite alors.
Alexandre Lenoir rapporte: *« Le corps de ce prince s'est trouvé dans une telle conservation, que les traits de son visage n'étaient point altérés. Il fut déposé dans le passage des chapelles basses, enveloppé dans son suaire, qui était également conservé. Chacun eut la liberté de le voir jusqu'au lundi matin 14, qu'on le porta dans le chœur, au bas des marches du sanctuaire, où il est resté jusqu'à deux heures après midi, et il fut transporté de là dans le cimetière dit de Valois, ensuite dans une grande fosse creusée dans le bas, à droite, du côté du nord. Ce cadavre, considéré comme momie sèche, avait le crâne scié, et contenait, à la place de la cervelle, qui en avait été ôtée, de l'étoupe, enduite d'une liqueur extraite d'aromates, qui*

---

[96] Cf. Pigray P., *Epitome præceptorum medicinæ chirurgiæ*, Regis Chiriatro, & Scholæ Parisiensis Decanoremediorum expositione, 1612.
[97] Cf. Delorme P., *La mauvaise tête de Henri IV, contre-enquête sur une prétendue découverte*, communication personnelle, 23 avril 2013 et cf. Delorme P., *La mauvaise tête de Henri IV, contre-enquête sur une prétendue découverte*, Frédéric Aimard & Yves Briend (éd.), Paris, juin 2013.

répandait encore une odeur tellement forte, qu'il était presque impossible de la supporter[98]*.* »

Un autre témoin de l'exhumation n'est autre que le dramaturge Georges Duval qui publie ses *Souvenirs de la Terreur de 1788 à 1793* en 1841-1842. Il a 16 ans lors des profanations de 1793. Dans son témoignage, il atteste notamment : « ... *Du reste, le corps était dans un état de conservation parfaite : la barbe en éventail, ointe de parfums, formait un tout compact, et les traits étaient tellement reconnaissables, que si la peau n'eût été de la couleur d'un parchemin sec, on aurait pu s'imaginer Henri IV simplement endormi. La partie supérieure du crâne ayant été enlevée, on trouva une éponge imbibée d'aromates occupant la place du cerveau, et qui exhalait encore une odeur assez suave*[99] ... »

Rappelons que le crâne de Bourdais n'a pas subi de craniotomie et dispose toujours de son cerveau.

---

[98] Cf. Lenoir A., *Musée des monuments français: histoire de la peinture sur verre, et description des vitraux anciens et modernes, pour servir à l'histoire de l'art, relativement à la France; ornée de gravures, et notamment de celles de la fable de Cupidon et Psyché, d'après les dessins de Raphael*, Imprimerie de Guilleminet, Paris, 1803 ; cf. Delorme P., *La mauvaise tête de Henri IV, contre-enquête sur une prétendue découverte*, communication personnelle, 23 avril 2013 et cf. Delorme P., *La mauvaise tête de Henri IV, contre-enquête sur une prétendue découverte*, Frédéric Aimard & Yves Briend (éd.), Paris, juin 2013.

[99] Cf. Duval G., *Souvenirs de la Terreur de 1788 à 1793*, Werdet, Paris, 1841/1842 ; cf. Delorme P., *La mauvaise tête de Henri IV, contre-enquête sur une prétendue découverte*, communication personnelle, 23 avril 2013 et cf. Delorme P., *La mauvaise tête de Henri IV, contre-enquête sur une prétendue découverte*, Frédéric Aimard & Yves Briend (éd.), Paris, juin 2013.

- Argument 19: Dépôts végétaux intra-buccaux et dans les fosses nasales. Embaumement par apport de produits odorants[100].

Pendant deux siècles, la momie de Henri IV est demeurée enfermée dans un double sarcophage de plomb et de bois, serrée dans son linceul, bourrée de substances si odoriférantes. A l'ouverture de son tombeau (1793), Alexandre Lenoir a affirmé: *« Il s'évapora une exhalaison très forte d'aromates ».* Lors de l'émission TV, deux créateurs de parfum renommés, Mme Sylvaine Delacourte – de la maison Guerlain – et M. Jean-Michel Duriez – de chez Jean Patou/Rochas – sont missionnés pour sentir le crâne. Sans résultat probant, puisque la tête sent simplement le vieux cuir, sans *« odeur d'épices, ou d'aromates ou de baumes. »* La société IFF – International Flavors & Fragrances Inc. –, qui possède des laboratoires à Neuilly-sur-Seine (Hauts-de-Seine), a procédé ensuite à une analyse moléculaire organique de la momie. Après passage au détecteur de particules, le chimiste Dominique Favier, spécialiste des parfums et saveurs, confirme l'absence de substances végétales témoignant d'un embaumement. Dans l'émission T. V., Charlier affirme encore : *« Donc a priori, cette tête, elle n'a pas été embaumée, ou alors c'est un embaumement, une momification on va dire naturelle, spontanée. Ça complexifie quand même l'identification, parce qu'on n'a pas une référence classique. »* Plus loin, le même Charlier ajoute : *« Quand on examine au fibroscope à travers les deux orifices narinaires, on se rend compte qu'il n'y a pas de grains de poivre par exemple, il n'y a pas de résidu métallique, il n'y a pas de résidu végétal, ni quoi que ce soit*[101]*. »*

---

[100] Cf. Charlier P. & Gabet S., *Henri IV, l'énigme du roi sans tête*, Vuibert (éd.), Paris, 2013.

[101] Cf. Delorme P., *La mauvaise tête de Henri IV, contre-enquête sur une prétendue découverte*, communication personnelle, 23 avril 2013

- Argument 20: Empreinte de bandelettage[102].
Alexandre Lenoir a fait le portrait de Henri IV, une fois débarrassé de ses *« bandelettes ».* Est-ce une preuve de l'identification du crâne de Henri IV pour autant? De nombreuses momies ont été « bandelettées » tout autant[103].

- Argument 21: Présence de résidus de moulage de type ancien sur le visage, témoignant de la réalisation d'un masque mortuaire[104].
La pratique d'un masque mortuaire est une pratique classique dans le cadre de funérailles royales. Il existe plusieurs tirages en cire ou en plâtre pour ce qui est de Henri IV, le plus ancien étant celui de la bibliothèque Sainte-Geneviève. Il ne faut pas confondre ces moulages avec les différentes effigies de cire réalisées par des sculpteurs, en relation avec le mannequin figurant le roi défunt placé sur son cercueil durant la période d'exposition publique jusqu'au transfert à Saint-Denis. Au XXe siècle, Joseph Emile Bourdais se serait employé à faire un masque mortuaire sur ce crâne, pour tenter d'avoir un résultat proche de celui de Henri IV. De plus, ce crâne momifié aurait servi de modèle anatomique à la sculptrice Nallet-Poussin qui l'aurait acquis aux alentours de 1893.

---

et cf. Delorme P., *La mauvaise tête de Henri IV, contre-enquête sur une prétendue découverte*, Frédéric Aimard & Yves Briend (éd.), Paris, juin 2013.

102 Cf. Charlier P. & Gabet S., *Henri IV, l'énigme du roi sans tête*, Vuibert (éd.), Paris, 2013.

103 Cf. Riaud X., *Chroniques odontologiques des rois de France et de la dynastie napoléonienne*, L'Harmattan (éd.), Collection Médecine à travers les siècles, Paris, 2011 ; cf. Delorme P., *La mauvaise tête de Henri IV, contre-enquête sur une prétendue découverte*, Frédéric Aimard & Yves Briend (éd.), Paris, juin 2013.

104 Cf. Charlier P. & Gabet S., *Henri IV, l'énigme du roi sans tête*, Vuibert (éd.), Paris, 2013.

On ne peut pas accorder de crédit, me semble-t-il, à cet argument[105].

- Argument 22: Section du cou par arme blanche (décollation de 1793)[106].
Les témoignages assemblés montrent que tout ce qui a entouré les restes de Henri IV, depuis l'ouverture de son cercueil (12 octobre) jusqu'au placement du cadavre dans de la chaux vive (14 octobre) dans une fosse publique, s'est déroulé en présence d'un vaste public. Dans de telles conditions, à quel moment la tête aurait pu être prélevée ? Et par qui ? Pas de témoignage[107].

- Argument 23 : Profil génétique commun avec le sang de Louis XIV (STR, chromosome Y, 6 loci). Lien patrilinéaire direct entre Henri IV et Louis XVI sur 7 générations[108].
Première étude en 2010: Charlier découpe, dans un premier temps, un fragment de muscle à l'extrémité du cou de la momie, ainsi que des fibres du doigt desséché

---

[105] Cf. Delorme P., *La mauvaise tête de Henri IV, contre-enquête sur une prétendue découverte*, communication personnelle, 23 avril 2013 et cf. Delorme P., *La mauvaise tête de Henri IV, contre-enquête sur une prétendue découverte*, Frédéric Aimard & Yves Briend (éd.), Paris, juin 2013.

[106] Cf. Charlier P. & Gabet S., *Henri IV, l'énigme du roi sans tête*, Vuibert (éd.), Paris, 2013.

[107] Cf. Lenoir A., *Musée des monuments français: histoire de la peinture sur verre, et description des vitraux anciens et modernes, pour servir à l'histoire de l'art, relativement à la France; ornée de gravures, et notamment de celles de la fable de Cupidon et Psyché, d'après les dessins de Raphael*, Imprimerie de Guilleminet, Paris, 1803 ; cf. Delorme P., *La mauvaise tête de Henri IV, contre-enquête sur une prétendue découverte*, communication personnelle, 23 avril 2013 et cf. Delorme P., *La mauvaise tête de Henri IV, contre-enquête sur une prétendue découverte*, Frédéric Aimard & Yves Briend (éd.), Paris, juin 2013.

[108] Cf. Charlier P. & Gabet S., *Henri IV, l'énigme du roi sans tête*, Vuibert (éd.), Paris, 2013.

conservé au musée Tavet-Delacour de Pontoise. Il prélève des phanères sur le reliquaire Vivant-Denon à Châteauroux et d'autres conservés au musée de Pau (origine douteuse). Trois éléments de contrôle sans aucun rapport avec Henri IV y sont adjoints : des cheveux d'une momie égyptienne, de la plèvre d'une préparation anatomique du XIIIe siècle, et un morceau de coton taché de sang, essuyé sur le couteau d'une guillotine, datant du XIXe siècle. L'analyse est faite par l'Institut médico-légal de la Faculté de médecine de Strasbourg et le centre de géogénétique du muséum d'Histoire naturelle du Danemark de l'université de Copenhague. Le résultat est sans appel. Il n'y a aucun ADN exploitable[109].

Deuxième étude en 2012: Charlier récupère un échantillon du *« plus profond de la gorge de l'individu »* pour une comparaison avec du sang séché de Louis XVI qui aurait été récupéré directement sur l'échafaud en 1793. L'analyse est faite cette fois par l'équipe catalane du professeur Carles Lalueza-Fox. Le 31/12/2012, dans *Forensic Science*, une concordance est trouvée entre le crâne de Bourdais et le sang de Louis XVI[110].

Une étude parallèle a été menée par le Dr Olivier Pascal, expert en empreinte génétique, agréé par la Cour de Cassation et président de l'Institut français des empreintes génétiques, et par le Pr Jean-Jacques Cassiman, professeur émérite de l'université de Louvain en Belgique[111]. Voici

[109] Cf. Delorme P., *La mauvaise tête de Henri IV, contre-enquête sur une prétendue découverte*, communication personnelle, 23 avril 2013 et cf. Delorme P., *La mauvaise tête de Henri IV, contre-enquête sur une prétendue découverte*, Frédéric Aimard & Yves Briend (éd.), Paris, juin 2013.

[110] Cf. Charlier P. & al., « Genetic comparison of the head of Henri IV and the presumptive blood from Louis XVI (both Kings of France) », in *Forensic Science International*, 2013; vol. 226, Issue 1, pp. 38-40.

[111] Cf. Delorme P., *La mauvaise tête de Henri IV, contre-enquête sur une prétendue découverte*, communication personnelle, 23 avril 2013 et cf. Delorme P., *La mauvaise tête de Henri IV, contre-enquête sur*

leurs conclusions. « *Une publication récente a montré une ressemblance entre le chromosome Y caractérisé à partir de la tête momifiée et celui du sang provenant de la gourde. La conclusion immédiate a été d'authentifier, par ce résultat, à la fois la tête et le sang. La première difficulté vient de l'absence de référence parfaitement fiable. Ni la tête, ni le sang ne peuvent être authentifiés. Les indices provenant des recherches historiques ne peuvent constituer à eux seuls des preuves fiables. Il est donc très surprenant qu'à partir de deux inconnues les chercheurs puissent obtenir deux certitudes simplement par la coïncidence d'une empreinte génétique. En mathématique, la résolution d'une équation à deux inconnues nécessite d'avoir au moins deux équations contenant les deux inconnues, ce qui n'est pas le cas ici. La deuxième difficulté vient des résultats scientifiques eux-mêmes. Tout d'abord de par le support utilisé pour la comparaison, le chromosome Y. La fiabilité de l'identification médico-légale repose sur la caractérisation des chromosomes non sexuels, l'identification par le chromosome Y étant réservée à des cas particuliers. Les caractéristiques du chromosome Y sont partagées par tous les individus d'une même lignée paternelle, mais aussi par des individus qui n'ont aucun lien familial. Le chromosome Y n'est pas spécifique d'un individu mais d'un groupe d'individus. Cela signifie que la concordance si elle est affirmée, pourra révéler un lien par la lignée paternelle ou être le fait du hasard. D'autre part les résultats publiés dans la revue internationale sont surprenants. Les tableaux présentés montrent que le chromosome Y n'a pu être que partiellement caractérisé pour la tête et qu'il existe deux différences entre le chromosome Y de la tête et le chromosome Y du sang, ce qui scientifiquement conduit à exclure une concordance*

---

une prétendue découverte, Frédéric Aimard & Yves Briend (éd.), Paris, juin 2013.

entre les deux chromosomes Y. Obtenus dans un dossier criminel de tels résultats ne permettraient pas la mise en cause d'un individu. Au vu de l'ensemble de ces arguments, il serait présomptueux d'affirmer que la tête est celle de Henri IV et le sang celui de Louis XVI[112]. »

De plus, Delorme ajoute : *« L'ADN utilisé pour la comparaison aurait été celui des régions variables du chromosome Y. Or, plusieurs personnes dans la population générale peuvent avoir le même chromosome Y sans pour cela être apparentées. Par ailleurs, l'étude n'a déterminé au total que sept allèles (variantes d'un gène), dont deux diffèrent avec le sang attribué au descendant de Henri IV. Dans notre pratique quotidienne pour les affaires criminelles, ces deux différences sont suffisantes pour exclure un lien de parenté par la lignée paternelle. Quand bien même l'identité serait parfaite entre l'ADN du chromosome Y du sang et l'ADN du chromosome Y du crâne, il serait impossible d'affirmer que le sang est celui de Louis XVI et le crâne celui de Henri IV par absence d'élément de référence*[113]. »

L'ADN mitochondrial de la tête de Bourdais a donc été mis en évidence. S'il s'agit de Henri IV, il doit correspondre à celui de sa parenté en ligne exclusivement féminine. Après une étude généalogiste poussée, une ligne matrilinéaire aboutit à l'actuelle reine Anne de Roumanie. Sa signaturc ADNmt a été établie dans le cadre d'une étude sur le faux dauphin Naundorff (1998). Après

---

[112] Cf. Delorme P., *La mauvaise tête de Henri IV, contre-enquête sur une prétendue découverte*, communication personnelle, 23 avril 2013 et cf. Delorme P., *La mauvaise tête de Henri IV, contre-enquête sur une prétendue découverte*, Frédéric Aimard & Yves Briend (éd.), Paris, juin 2013.

[113] Cf. Delorme P., *La mauvaise tête de Henri IV, contre-enquête sur une prétendue découverte*, communication personnelle, 23 avril 2013 et cf. Delorme P., *La mauvaise tête de Henri IV, contre-enquête sur une prétendue découverte*, Frédéric Aimard & Yves Briend (éd.), Paris, juin 2013.

comparaison des deux ADNmt par le Pr Cassiman, une conclusion s'impose : *« Les porteurs de cet ADN ne peuvent être apparentés*[114]*. »*
Un aspect historique doit être rappelé enfin: Henri IV a eu pas moins de 30 bâtards de ces différentes liaisons, au point d'avoir aménagé une cour de ses enfants au sein de sa propre cour[115].

Hypothèses de recherches
Selon Mme Evelyne Peyre du musée de l'Homme, pour identifier formellement, ou non, ce crâne, il conviendrait de réunir un collège d'une dizaine d'anthropologues pour aboutir à une identification plus formelle, en comparant leurs résultats. Pourquoi, de plus, alors qu'on connaît la mère de Henri IV, toujours selon Mme Peyre qui a travaillé dessus longtemps, ne pas établir, chez elle, des prélèvements d'ADN et ne pas comparer avec celui du présumé crâne ? Enfin, l'étude des bosses d'un crâne, surtout à cette époque, où les combats étaient fréquents, peut être révélatrice. En étudiant les textes relatant la vie de Henri IV, peut-être y a-t-il moyen d'avoir des connaissances plus précises sur d'éventuels traumatismes survenus sur la tête de Henri IV au cours de ses chevauchées guerrières ? Cette étude topographique permettrait d'effectuer un relevé des traumatismes éventuels archivés et, ensuite, une comparaison avec ceux

---

[114] Cf. Delorme P., *La mauvaise tête de Henri IV, contre-enquête sur une prétendue découverte*, communication personnelle, 23 avril 2013 et cf. Delorme P., *La mauvaise tête de Henri IV, contre-enquête sur une prétendue découverte*, Frédéric Aimard & Yves Briend (éd.), Paris, juin 2013.

[115] Cf. Riaud X., *Chroniques odontologiques des rois de France et de la dynastie napoléonienne*, L'Harmattan (éd.), Collection Médecine à travers les siècles, Paris, 2011 ; cf. Delorme P., *La mauvaise tête de Henri IV, contre-enquête sur une prétendue découverte*, Frédéric Aimard & Yves Briend (éd.), Paris, juin 2013.

sur le crâne supposé d'Henri IV, afin d'avoir, une bonne fois pour toutes, une certitude[116].

Conclusion

Cette identification a été présentée comme *« formelle »*, à partir de preuves dites *« incontestables »*, le tout à grand renfort médiatique. En définitive, en aucun cas, on ne peut parler de preuves, tout au plus d'un faisceau de présomptions ou d'éléments de preuve, tous discutables par ailleurs. Par conséquent, on ne peut en aucun cas parler d'identification *« formelle »* à 100 %, ou plus récemment, selon Philippe Charlier et Stéphane Gabet, *« supérieure à 99,99 % »*. Le doute subsiste. Le terme *« identification »* me semble par ailleurs inapproprié. Il convient donc d'appréhender le sujet avec la plus grande circonspection, d'autant plus que de nombreux auteurs considèrent que ce crâne est celui *« d'une momie naturelle*[117] *»*. Toutefois, si on ne peut affirmer avec une certitude absolue qu'il s'agit bien du crâne de Henri IV, on ne peut pas attester non plus que ce n'est pas le sien. Enfin, il conviendrait de poursuivre les investigations plus avant, d'autant plus que d'autres pistes de recherches semblent exister, qui pourraient donner des résultats réellement probants.

Références bibliographiques :

Anonyme, « La caisse d'ossements royaux d'Alexandre Lenoir », in *L'Histoire*, www.histoire.presse.fr, 2012.

Archives des Pyrénées-Atlantiques, B63 ; B2398, 2452, 2456, 2458 ; B2537, Basses-Pyrénées, sans date.

---

[116] Cf. Peyre E., Propos recueillis à la journée du congrès de la Société internationale de biométrie humaine du 04/07/2013, Paris, 2013.

[117] Cf. Delorme P., *La mauvaise tête de Henri IV, contre-enquête sur une prétendue découverte*, communication personnelle, 23 avril 2013 et cf. Delorme P., *La mauvaise tête de Henri IV, contre-enquête sur une prétendue découverte*, Frédéric Aimard & Yves Briend (éd.), Paris, juin 2013.

Babelon J.-P., *Henri IV*, Fayard (éd.), Paris, 1982.
Beauthier J.-P., *Traité de médecine légale*, Éditions de Boeck Université, Bruxelles, 2008.
Charlier P. & al., « Multidisciplinary medical identification of a French king's head (Henri IV) », in *British Medical Journal*, 2010; 341: c6805.
Charlier P. & al., « La tête momifiée d'Henri IV. Une identification médico-légale », in *La revue du praticien*, 2011 ; vol. 60, pp. 1474-1477.
Charlier P. & Gabet S., *Henri IV, l'énigme du roi sans tête*, Vuibert (éd.), Paris, 2013.
Charlier P. & al., « Genetic comparison of the head of Henri IV and the presumptive blood from Louis XVI (both Kings of France) », in *Forensic Science International*, 2013; vol. 226, Issue 1, pp. 38-40.
De l'Estoile P., *Journal du règne de Henry IV, Roi de France et de Navarre*, La Haye, 1741.
Delorme P., *La mauvaise tête de Henri IV, contre-enquête sur une prétendue découverte*, communication personnelle, 23 avril 2013.
Delorme P., *La mauvaise tête de Henri IV, contre-enquête sur une prétendue découverte*, Frédéric Aimard & Yves Briend (éd.), Paris, juin 2013.
Duval G., *Souvenirs de la Terreur de 1788 à 1793*, Werdet, Paris, 1841/1842.
Guillemeau J., *Les Œuvres de chirurgie de Jacques Guillemeau, chirurgien ordinaire du roy et jure à Paris. Avec les portraicts et figures de toutes les parties du corps humain, & des instruments necessaires au chirurgien. Augmentees, et mises en un : et enrichies de plusieurs traictez, pris des leçons de Me Germain Courtin, docteur en medecine*, chez Nicolas Buon, au Mont Sainct Hilaire, à l'Image Sainct Claude, Paris, 1612.
Héroard J., *Journal de Jean Héroard*, Fayard (éd.), Paris, (réédition du journal de 1601-1628), 1989.

Lenoir A., *Musée des monuments français: histoire de la peinture sur verre, et description des vitraux anciens et modernes, pour servir à l'histoire de l'art, relativement à la France; ornée de gravures, et notamment de celles de la fable de Cupidon et Psyché, d'après les dessins de Raphael*, Imprimerie de Guilleminet, Paris, 1803.
Malgaigne J.-F., *Œuvres complètes d'Ambroise Paré revues et collationnées sur toutes les éditions avec les variantes [...]*, tome III, J.-B. Baillière, Paris, 1841.
Peyre E., Propos recueillis à la journée du congrès de la Société internationale de biométrie humaine du 04/07/2013, Paris, 2013.
Pigray P., *Epitome præceptorum medicinæ chirurgiæ*, Regis Chiriatro, & Scholæ Parisiensis Decanoremediorum expositione, 1612.
Riaud X., *Chroniques odontologiques des rois de France et de la dynastie napoléonienne*, L'Harmattan (éd.), Collection Médecine à travers les siècles, Paris, 2011.

Odontogrammes de Louis XI (1423-1483) et de Charlotte de Savoie (1441-1483), sa femme

Brièvement, qui était Louis XI ?
Fils de Charles VII, il naît le 3 juillet 1423. Il passe sa petite enfance enfermé au château de Loches, près de Tours. En 1439, sur ordre de son père, il part rétablir la paix dans le Languedoc, ce qu'il fait brillamment. N'ayant pas été récompensé pour ses résultats, Louis s'insurge et fomente une révolte qui est anéantie dans l'œuf, en 1440. Les combats se succèdent et lui procurent une réputation dans toute l'Europe. Fin négociateur et à la tête d'une armée féroce, il ne connaît que le succès. Sa mère décède en 1445. En butte avec Agnès Sorel, la maîtresse de son père, il est envoyé dans le Dauphiné pour réorganiser la province. C'est là qu'il se marie avec Charlotte de Savoie en 1451, sans le consentement de son père. Celui-ci, mécontent, envoie une armée qui échoue dans un premier temps à lui faire rendre raison. Par la suite, Louis doit s'enfuir et se réfugie chez son oncle, le duc de Bourgogne. Il y reste cinq années. En 1461, Charles VII décède. Louis devient roi de France. Il est sacré le 15 août de cette année-là. En 1465, il dissout, par sa victoire à Montlhéry, la ligue de Bien public, coalition formée par les princes qu'il fait éclater aussi par le négoce de concessions territoriales séparées. En 1467, Charles le Téméraire devient officiellement duc de Bourgogne. Commence alors entre les deux hommes une lutte à mort qui se termine en 1477, avec la mort du vassal, après d'âpres

luttes tant militaires que politiques qui ont vu un monarque exceller dans l'art de la corruption au point d'isoler à la fin de sa vie complètement le Bourguignon. Après de nombreux affrontements, des mariages et une politique habile, et subtile, Louis XI parvient à rattacher la Picardie, la Bourgogne, l'Artois et la Franche-Comté à la France. Le 25 août 1483, atteint d'une hémorragie cérébrale, « l'Universelle Araigne » décède à son tour dans son château de Plessis-lèz-Tours[118].

Louis XI, l'art dentaire et les dents

Lorsqu'il était enfant, son père, Charles VII, lui a attaché un médecin, Guillaume Léothier, qui n'a eu pour d'autre charge que de veiller à la bonne santé du dauphin. En 1448, installé dans le Dauphiné dont il est le protecteur, le dauphin Louis se munit d'un barbier qui est attaché à son service personnel et qui vit dans son hôtel[119].

Louis XI est décrit avec un *« visage légèrement prognathe avec une forte bouche et un long nez*[120]*. »* Il est aussi dépeint ainsi : *« ... ses pommettes osseuses, ses joues flasques, son lourd menton, ... sa bouche dédaigneuse, ... Les mâchoires sont carnassières*[121] *; ... »*

Les opérations sur les dents de Louis XI, adulte, ont été réalisées par Olivier le Daim, son premier barbier[122].

Quand Louis XI octroie de nouveaux statuts aux barbiers, médecins et chirurgiens dans l'ordonnance royale de

---

[118] Cf. Albou-Talbart Sylvie, Bernard Daniel et al., *Les rois de France*, Hachette Collections (éd.), Paris, 2006, pp. 66-69.

[119] Cf. Favier Jean, *Louis XI*, Fayard (éd.), Paris, 2001, pp. 41, 130.

[120] Cf. Favier Jean, *Louis XI*, Fayard (éd.), Paris, 2001, p. 45 et cf. Maupoint Jean, « Journal parisien de Jean Maupoint, prieur de Sainte-Catherine de la Couture (1437-1469) », in *Mémoires de la SHPIF*, IV, 1877, pp. 1-144.

[121] Cf. Bordonove Georges, *Louis XI*, Pygmalion (éd.), Paris, 2008, p. 239.

[122] Cf. Kendall Paul Murray, *Louis XI*, Famot (éd.), Genève, 1974, pp. 94, 207, 306, 308, 338, 354 et 359.

janvier 1465, il ordonne que chacun d'eux ait chez lui, en matière de codex, le calendrier de l'année. Ainsi, avant de prescrire ou de faire une opération, ils peuvent s'assurer que la situation de la lune est favorable. En effet, les astres continuaient d'exercer une action directe sur la pauvre humanité : Saturne dominait la tête notamment et Mercure, la bouche, la langue et les dents[123].

Olivier Le Daim, son barbier

Olivier Le Daim est né vers 1428 et est mort en 1484. Il a été l'un des principaux conseillers de Louis XI et a entrepris, à la demande de ce dernier, un certain nombre de missions diplomatiques qui n'ont pas toutes été couronnées de succès.

A l'origine, il s'appelle Olivier de Neckere, - Necker signifie « diable d'eau » -, ce qui lui vaut le surnom de « le Diable ». Il est le fils de Jan de Neckere, barbier gantois établi à Thielt.

En 1457, fuyant le royaume de France, le dauphin Louis fait un séjour à Thielt où il demeure dans l'hôtellerie voisine de la maison des De Neckere. Il s'attache au jeune homme et en fait son barbier. Lorsqu'en 1461, Louis revient en France pour monter sur le trône, Olivier l'accompagne.

En récompense de services rendus, en 1474, le jeune roi change le nom de son premier barbier par ordonnance en Le Daim. Par le même texte, il l'anoblit, en fait un gentilhomme de sa cour et lui donne le comté de Meulan, malgré les cris de protestation de l'actuelle noblesse. Malgré tout, Louis XI *« s'emploiera à rogner les prérogatives de ces officiers, qui ne doivent leur rôle qu'à la confiance du roi et dont, pour certains, il ne sent plus la nécessité dans son entourage politique. (...) Quant à la juridiction du premier barbier (Olivier Le Daim) sur les*

[123] Cf. Franklin Alfred, *La vie privée d'autrefois – Les médecins*, Plon (éd.), Paris, 1892, pp. 76, 202-203.

barbiers et chirurgiens, elle est battue en brèche par les baillis royaux[124]*. »*
En 1476, Le Daim devient capitaine du château de Loches et gouverneur de Saint-Quentin. Particulièrement arrogant, le nouveau comte ne tarde pas à se faire des ennemis.
Avec d'autres, Le Daim a été un des premiers à étudier la prothèse sur des cadavres[125]. A Plessis-lèz-Tours, château où est mort Louis XI en 1483, il existe toujours le réduit où ces hommes se sont livrés à leurs dissections malgré l'opposition de l'Eglise. C'est également dans ce local qu'a été remplacée au cours d'une opération, pour la première fois en France, la mandibule d'un homme par une autre en métal. L'opéré a continué de vivre pendant 29 ans.
Le Daim, quant à lui, à la mort de Louis XI, est incarcéré à la Conciergerie par ses adversaires[126]. Il est accusé de différents crimes : vols, meurtres, emprisonnements arbitraires, etc. Condamné à mort, il est pendu au gibet de Montfaucon, le 21 mai 1484.

Olivier Le Daim et Louis XI[127].

[124] Cf. Favier Jean, *Louis XI*, Fayard (éd.), Paris, 2001, p. 364.
[125] Cf., Cecconi L. J., *Notes et mémoires pour servir à l'Histoire de l'Art Dentaire en France*, L'Expansion (éd.), 1959, p. 114.
[126] Cf. Favier Jean, *Louis XI*, Fayard (éd.), Paris, 2001, p. 276.
[127] Cf. Hadamard, *portrait de Louis XI et Olivier le Daim* (lithographie). L'original est en date de 1850.

Controverses autour de la découverte du crâne du roi

Le mystère demeure quant à la trouvaille du crâne de Louis XI qui est enterré à Cléry[128]. Ses restes n'ont pas été souillés lors de la Révolution française et pourtant, il n'y avait qu'un crâne dans le tombeau royal en 1889 et pas moins de cinq en 1896. Dans le grand sarcophage royal trouvé dans le caveau de l'église et d'après des témoignages de 1792, 1818 et 1889, *« ce cercueil contenait un crâne scié en deux parties. »* En 1818, le constat est le même : le grand sarcophage *« renfermait des ossements humains, et notamment un crâne scié en deux parties. »* Le procès-verbal de cette même année confirme qu' *« il n'y a rien à changer... »*

La confusion est venue du fait que de nombreux témoins ont fait l'amalgame avec des dépouilles étrangères au caveau royal.

En 1896, le docteur Duchâteau en effectue l'inventaire. Il est le premier à réaliser une étude anatomique des pièces osseuses se trouvant dans le royal cercueil. Il constate la présence de cinq crânes dans le caveau dont trois dans le sarcophage. En fait, il semble que le crâne scié soit constitué de deux fragments provenant de deux individus différents.

Dans sa description, l'abbé Saget, curé de Cléry, reprend partiellement les observations du docteur Duchâteau[129]. Il cite dans son livre les éléments suivants.

---

[128] Cf. Georges Patrice, « Louis XI eut-il cinq crânes ?, évolution du nombre de crânes dans le caveau royal de l'église Notre-Dame de Cléry-Saint-André (Loiret) », in *Actes du 1er colloque international de Pathographie (avril 2005)*, De Boccard (éd.), Paris, 2006, pp. 195-214.

[129] Cf. Georges Patrice, « Louis XI eut-il cinq crânes ?, évolution du nombre de crânes dans le caveau royal de l'église Notre-Dame de Cléry-Saint-André (Loiret) », in *Actes du 1er colloque international de Pathographie (avril 2005)*, De Boccard (éd.), Paris, 2006, pp. 195-214.
L'abbé Saget était présent lors de la visite du caveau en 1889.

« - La voûte du crâne sciée horizontalement pour l'embaumement ;
- *Fort maxillaire inférieur très prognathe ;*
- *Maxillaire supérieur... »*

Ce maxillaire n'est pas mentionné dans l'inventaire du docteur Duchâteau. *« Faut-il voir dans cette pièce un nettoyage préalable du grand sarcophage avant la venue de ce dernier ? L'abbé Saget a-t-il prélevé cet os maxillaire au moment où il a déposé le troisième crâne ? L'a-t-il remis quand il a compris que les deux fragments de crâne scié ne faisaient pas qu'un seul crâne ? La présence originelle de cet os n'était pas impossible ; il pourrait en effet être une partie du même crâne que la voûte crânienne sciée*[130]*. »*

En fait, lors d'une intervention de l'abbé Saget dans le caveau, il semble qu'il aurait voulu faire apparaître deux crânes[131]. Dans la mesure où tout le monde croyait qu'il n'y avait qu'un seul crâne, il devait déposer un autre crâne pour qu'un hypothétique Louis XI soit accompagné d'une hypothétique Charlotte de Savoie.

En le faisant, c'est en fait le crâne d'un troisième individu qu'il déposait...

Sans le savoir il a ajouté un troisième personnage à un couple qui était déjà représenté l'un par une voûte crânienne et l'autre par la base d'un crâne.

---

[130] Cf. Georges Patrice, « Le caveau royal de Cléry-Saint-André (Loiret) : que sont devenus les os de Louis XI ? », in *Les dossiers d'Archéologie*, mars 2006 ; 311 : 92-99.

[131] Cf. Georges P., Acquaviva C., Bruzek J. & al., « Etude du caveau royal et des sépultures de la chapelle des Dunois-Longueville de l'église Notre-Dame de Cléry-Saint-André (Loiret). Approche critique des données anciennes et récentes », in *Rapport d'études et perspectives de recherches nouvelles*, INRAP-SRA du Centre, Orléans, 2005, 346 p.

Plus qu'une manipulation, l'abbé, en grand admirateur de ce roi, aurait donc commis une erreur qu'il répare dans la liste de son ouvrage[132] paru en 1913.

Reconstruction faciale par ordinateur assisté

En 2001, le Dr Sergueï Gorbenko, directeur de l'Institut de reconstruction anthropologique de Lvov en Ukraine, a entrepris de reconstituer scientifiquement le visage du monarque. La méthode envisagée est la reconstruction crânio-faciale par ordinateur assisté. Après une étude mathématique et l'application de pâte à sculpter sur un moulage du crâne en résine, le vrai visage du roi de France apparaîtra aux yeux de tous[133]. Aussi, à cette fin, le chercheur est venu avec un de ses collaborateurs, à Cléry, munis de toutes les autorisations requises pour effectuer un moulage du crâne de Louis XI. Cette mission s'est révélée périlleuse puisque l'os s'est avéré incomplet et ne garantit en rien la certitude d'une reconstruction.

Des prélèvements osseux ont été acheminés vers le laboratoire génétique moléculaire de l'université de Nantes[134]. Les analyses ADN devraient fournir des renseignements précieux. Plusieurs mois seront nécessaires avant d'avoir seulement un résultat. En effet, il manque des éléments osseux à l'étage moyen et supérieur du crâne royal.

Rencontre avec Patrice Georges de l'INRAP

M. Patrice Georges de l'Institut national de recherches archéologiques préventives dirige les recherches et les études menées autour des crânes supposés de Louis XI et

---

[132] Cf. Saget L., *Etude sur la physionomie morale de Louis XI*, Paris, 2ème édition, 1913.

[133] Cf. Lapaque Guillaume, « Louis XI révélera-t-il son visage ? », in *www.regioncentre.fr*, novembre/décembre 2001, pp. 1-15.

[134] Cf. www.Loiret.com, « Du crâne au visage de Louis XI », in *Reflets du Loiret*, 28/10/2001, n° 60, pp. 1-2.

de Charlotte de Savoie. Alors que j'effectuais des recherches sur les problèmes dentaires de nos rois, j'ai été amené à entrer en contact avec lui. Lors de nos discussions, M. Patrice Georges m'a révélé que la dentition du crâne qui serait celui de Louis XI présentait des dents résiduelles. Sur celles-ci, des caries auraient été constatées ainsi que des infections apicales, bien qu'elles ne soient pas mentionnées sur le rapport d'expertise rendu par son équipe[135].

Rapport d'expertise communiqué par M. Georges

Il est possible de voir à la mandibule de Charlotte de Savoie, un édentement ante-mortem postérieur à la 2ème prémolaire basse droite (45), la 1ère prémolaire du même côté étant absente ante-mortem (44). Les 1ère et 2nde molaires inférieures droites (46, 47) sont absentes. Un bloc d'alvéoles vides s'étend de la canine basse droite (43) à la 2ère prémolaire gauche (35). La perte ante-mortem de la 1ère et de la 2ème molaires inférieures gauches (36, 37) est constatable. Sur une photo de face, trois alvéoles sont visibles au maxillaire, celles de l'incisive centrale supérieure gauche (21), de la latérale supérieure gauche (22) et de la canine gauche voisine (23), toutes aussi vides. Toutefois, il n'y a pas de perte ante-mortem constatée au maxillaire. Un torus maxillaire sur la 38 et la 48 est noté.

Pour le crâne de Louis XI, bien que vides, toutes les alvéoles à la mandibule du côté droit sont bien nettes, excepté la 1ère molaire inférieure droite (46) qui a été perdue avant la mort. A priori, une dent est encore présente. Il s'agirait d'une canine inférieure droite (43) qui présente une usure occlusale faible. En regard de cette

135 Cf. Georges Patrice, communication personnelle, Saint-Orens de Gameville, 13/02/2009 & cf. Charlier Ph., Georges P., Huynh-Charlier I., Carlier R. & Poupon J., « Royales dentures. Paléodontologie et pathographie », in *Actes de la Société française d'histoire de l'art dentaire*, Paris, 20-21/03/2009, pp. 43-46.

canine, une parodontopathie est objectivable. Les alvéoles sont perceptibles jusqu'à la 2nde prémolaire du côté gauche (35). Au-delà, il y a un édentement. La 1ère et la 2ème molaires inférieures gauches (36, 37) ont été perdues avant la mort. Pour la 36, 37 et 46, la cicatrisation de l'os alvéolaire est complète. La 3ème molaire inférieure gauche présente un granulôme radiculaire de 1,2 cm x 1,2 cm, sa profondeur étant inconnue[136].

Au maxillaire, il reste deux dents, la canine et la 1ère prémolaire du côté droit (13 et 14) qui présentent une lyse osseuse en vestibulaire, ainsi qu'une usure occlusale à un stade plus avancé. En arrière, il ne semble plus y avoir aucune dent. Des alvéoles vides sont perceptibles de la 1ère prémolaire haute droite (14) à la canine haute gauche (23)[137]. La 2nde prémolaire haute droite et la 1ère molaire haute droite (15, 16) sont absentes, ainsi que la 1ère prémolaire supérieure gauche, et la 1ère molaire haute gauche (24, 26). Pour les dents n° 15, 16, 24 et 26, la perte a été ante-mortem et l'os alvéolaire est complètement cicatrisé[138].

---

[136] Cf. Georges Patrice, communication personnelle, Saint-Orens de Gameville, 13/02/2009 & cf. Charlier Ph., Georges P., Huynh-Charlier I., Carlier R. & Poupon J., « Royales dentures. Paléodontologie et pathographie », in *Actes de la SFHAD*, Paris, 20-21/03/2009, pp. 43-46.

[137] Cf. Georges Patrice, « Le caveau royal de Cléry-Saint-André (Loiret) : que sont devenus les os de Louis XI ? », in *Les dossiers d'Archéologie*, mars 2006 ; 311 : 92-99.

[138] Cf. Georges Patrice, communication personnelle, Saint-Orens de Gameville, 13/02/2009 & cf. Charlier Ph., Georges P., Huynh-Charlier I., Carlier R. & Poupon J., « Royales dentures. Paléodontologie et pathographie », in *Actes de la SFHAD*, Paris, 20-21/03/2009, pp. 43-46.

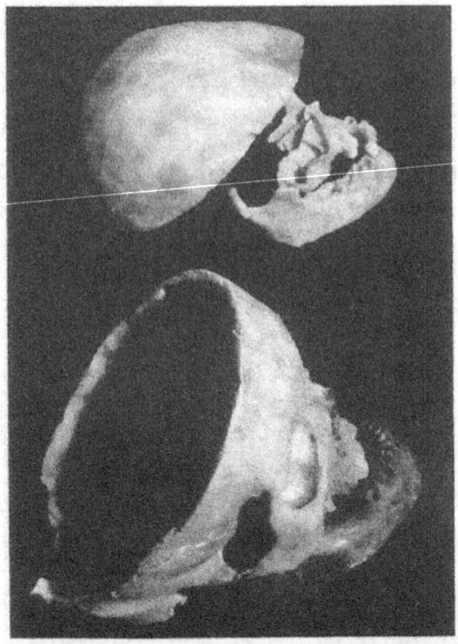

Crânes attribués à Louis XI en haut et à Charlotte de Savoie en bas[139].

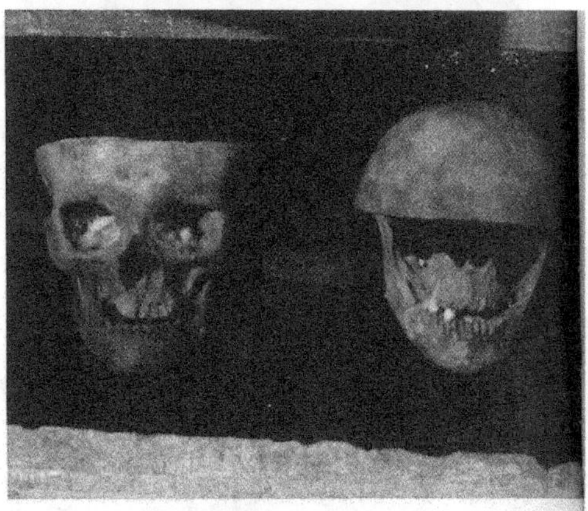

Crânes attribués à Louis XI à droite et à Charlotte de Savoie à gauche[140].

[139] Cf. Georges Patrice, INRAP, Saint-Orens de Gameville, 2007, © P. G.

[140] Cf. Georges Patrice, INRAP, Saint-Orens de Gameville, 2007, © P. G.

Résultats

Schéma dentaire post-mortem du crâne supposé de Louis XI (1423-1483)[141] :

Maxillaire

Droite Gauche

18 17 16 15 14 13 12 11 21 22 23 24 25 26 27 28

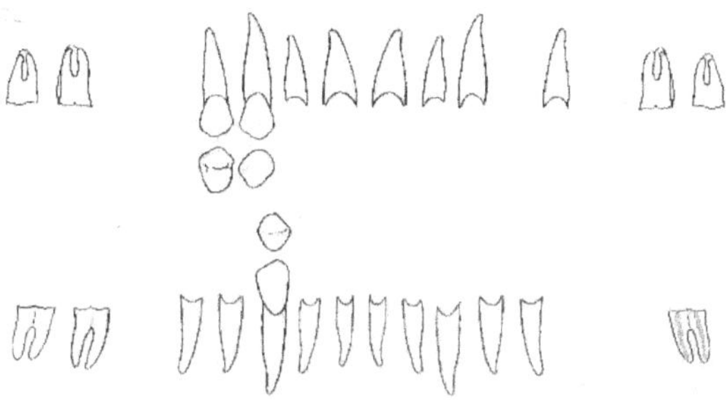

48 47 46 45 44 4342413132 33 34 35 36 37 38

Droite Gauche

Mandibule

Légende :

 : Alvéole vide (dent perdue en post-mortem).

 : Alvéole vide (dent perdue en post-mortem) présentant un kyste radiculaire.

 : Dent présente dans son alvéole d'origine.

[141] Cf. Riaud Xavier, Saint Herblain, 2009, © Riaud Xavier.
Les schémas dentaires ci-dessus et ci-après ont été réalisés grâce aux photos des crânes supposés de Louis XI et de Charlotte de Savoie que M. Patrice Georges m'a gentiment prêtées. Ils ont été vérifiés et validés par le docteur Franck Domart, chirurgien-dentiste, qui s'est occupé de l'expertise odontologique (1995 ; rapport publié en 2006 aux Editions de Boccard) des restes de sainte Roseline (v. 1270-1329).

Rappel :

- Perte ante-mortem ancienne des dents n° 36, 37 et 46 à la mandibule avec cicatrisation complète de l'os alvéolaire.
- Perte ante-mortem ancienne des dents n° 15, 16, 24 et 26 au maxillaire avec cicatrisation complète de l'os alvéolaire.
- Kyste radiculaire sur la dent n° 38 de 1,2 cm x 1,2 cm (profondeur inconnue).
- Dent n° 43 avec une usure occlusale faible.
- Dents n° 13 et 14 avec une usure occlusale plus marquée.

Remarque :
« La dent n° 43 ressemble de loin à une dent bicuspidée proche d'une prémolaire inférieure. Il y a une forte perte osseuse au niveau des dents n° 15 et 16, et l'abrasion des dents résiduelles est étonnement faible pour un homme de 60 ans, au regard de l'alimentation très abrasive de l'époque. Est-il possible de donner un âge à ces restes et de confirmer leur identité ? La question reste posée[142]. »
Les dents absentes ante-mortem avec cicatrisation osseuse complète laissent à penser qu'Olivier Le Daim, barbier personnel de Louis XI, et donc ce qui s'apparente, à l'époque, à son dentiste, a effectué les extractions dentaires en question.

[142] Cf. Georges Patrice, communication personnelle, Saint-Orens de Gameville, 13/02/2009 & cf. Charlier Ph., Georges P., Huynh-Charlier I., Carlier R. & Poupon J., « Royales dentures. Paléodontologie et pathographie », in *Actes de la SFHAD*, Paris, 20-21/03/2009, pp. 43-46.

Schéma dentaire post-mortem du crâne supposé de Charlotte de Savoie (1441-1483)[143]:

Maxillaire

Droite Gauche

18 17 16 15 14 13 12 11 21 22 23 2425 26 27 28

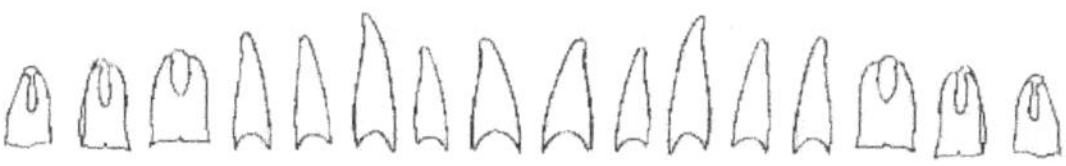

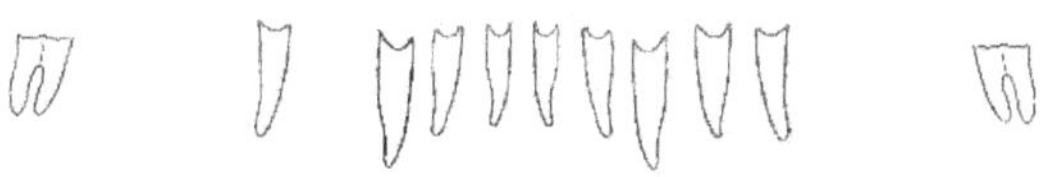

48 47 46 45 44 4342 41313233 34 35 36 37 38

Droite Gauche

Mandibule

Légende :

 : Alvéole vide (dent perdue en post-mortem).

Rappel :

- Perte ante-mortem ancienne des dents n° 44, 46, 47, 36 et 37 à la mandibule[144].
- Torus mandibulaire en regard de la dent n° 38.
- Torus mandibulaire en regard de la dent n° 48.

[143] Cf. Riaud Xavier, Saint Herblain, 2009, © Riaud Xavier.

[144] Cf. Georges Patrice, communication personnelle, Saint-Orens de Gameville, 13/02/2009 & cf. Charlier Ph., Georges P., Huynh-Charlier I., Carlier R. & Poupon J., « Royales dentures. Paléodontologie et pathographie », in *Actes de la SFHAD*, Paris, 20-21/03/2009, pp. 43-46.

Remarque :
S'il n'y a pas de perte ante-mortem en miroir, vu la cicatrisation osseuse antagoniste bien complète, les dents n° 16 et 17 auraient dû s'extruder et laisser des alvéoles plus courtes que la normale. Il en est de même pour les dents n° 26 et 27.

Références bibliographiques :
Albou-Talbart Sylvie, Bernard Daniel et al., *Les rois de France*, Hachette Collections (éd.), Paris, 2006.
Bordonove Georges, *Louis XI*, Pygmalion (éd.), Paris, 2008.
Cecconi L. J., *Notes et mémoires pour servir à l'Histoire de l'Art Dentaire en France*, L'Expansion (éd.), 1959.
Charlier Ph., Georges P., Huynh-Charlier I., Carlier R. & Poupon J., « Royales dentures. Paléodontologie et pathographie », in *Actes de la Société française d'histoire de l'art dentaire*, Paris, 20-21/03/2009, pp. 43-46.
Favier Jean, *Louis XI*, Fayard (éd.), Paris, 2001.
Franklin Alfred, *La vie privée d'autrefois – Les médecins*, Plon (éd.), Paris, 1892.
Georges P., Acquaviva C., Bruzek J. & al., « Etude du caveau royal et des sépultures de la chapelle des Dunois-Longueville de l'église Notre-Dame de Cléry-Saint-André (Loiret). Approche critique des données anciennes et récentes », in *Rapport d'études et perspectives de recherches nouvelles*, INRAP-SRA du Centre, Orléans, 2005, 346 p.
Georges Patrice, « Louis XI eut-il cinq crânes ? Evolution du nombre de crânes dans le caveau royal de l'église Notre-Dame de Cléry-Saint-André (Loiret) », in *Actes du 1er colloque international de Pathographie (avril 2005)*, De Boccard (éd.), Paris, 2006, pp. 195-214.
Georges Patrice, « Le caveau royal de Cléry-Saint-André (Loiret) : que sont devenus les os de Louis XI ? », in *Les dossiers d'Archéologie*, mars 2006 ; 311 : 92-99.

Georges Patrice, communication personnelle, Saint-Orens de Gameville, 2007 et 13/02/2009.

Hadamard, *portrait de Louis XI et Olivier le Daim* (lithographie), 1850.

Kendall Paul Murray, *Louis XI*, Famot (éd.), Genève, 1974.

Lapaque Guillaume, « Louis XI révélera-t-il son visage ? », in *www.regioncentre.fr*, novembre/décembre 2001, pp. 1-15.

Maupoint Jean, « Journal parisien de Jean Maupoint, prieur de Sainte-Catherine de la Couture (1437-1469) », in *Mémoires de la SHPIF*, IV, 1877.

Riaud Xavier, collection privée, Saint Herblain, 2009.

Saget L., *Etude sur la physionomie morale de Louis XI*, Paris, 2ème édition, 1913.

www.Loiret.com, « Du crâne au visage de Louis XI », in *Reflets du Loiret*, 28/10/2001, n° 60, pp. 1-2.

Publications littéraires

J'ai beaucoup écrit sur l'histoire de l'odontologie médico-légale. J'en ai notamment étudié tous les aspects historiques à travers une série de cinq livres :

- *Les dentistes, détectives de l'histoire*, L'Harmattan (éd.), Coll. Médecine à travers les siècles, Paris, 2007 ;
- *Quand la dent mène l'enquête...*, L'Harmattan (éd.), Coll. Médecine à travers les siècles, Paris, 2008 ;
- *Odontologie médico-légale : entre histoire et archéologie*, coécrit avec Francis Janot, L'Harmattan (éd.), Coll. Médecine à travers les siècles, Paris, 2010 ;
- *Odontologie médico-légale et serial killers*, coécrit avec Philippe Brousseau, L'Harmattan (éd.), Coll. Médecine à travers les siècles, Paris, 2014.
- *Archéologies dentaires*, Les Editions universitaires européennes, Sarrebruck, 2016.

J'ai mis en pages, corrigé l'orthographe et la syntaxe, et/ou facilité, voire étoffé, la publication des ouvrages suivants en rapport avec cette même discipline, souvent par ailleurs, pas toujours, des thèses de doctorat en chirurgie dentaire :

- Hénaff-Madec Rozenn, *Enquête médico-légale sur le naufrage du H. L. Hunley (1864)*, L'Harmattan (éd.), Coll. Médecine à travers les siècles, Paris, 2009 ;

- Lamendin Henri, *Investigations et expérimentations en odontologie, 40 années de recherches*, L'Harmattan (éd.), Coll. Médecine à travers les siècles, Paris, 2009 ;
- Duranteau Florie, *Les dents de l'homme, de la Préhistoire à l'ère moderne*, L'Harmattan (éd.), Coll. Médecine à travers les siècles, Paris, 2011 ;
- Heim Jean-Louis, *La longue marche du genre humain, de la bipédie à la parole*, L'Harmattan (éd.), Coll. Médecine à travers les siècles, Paris, 2013 ;
- Combes Fruitet Elsa, *Caractéristiques dento-crânio-faciales des Homininés*, L'Harmattan (éd.), Coll. Médecine à travers les siècles, Paris, 2014 ;
- Decobert Mélanie, *Odontologie médico-légale et Seconde Guerre mondiale*, L'Harmattan (éd.), Coll. Médecine à travers les siècles, Paris, 2016.

Il convient pour finir, et pour être complet, de citer mes deux participations à des ouvrages collectifs à connotation plus archéologique :

- « John Wilkes Booth (1838-1865) et Lewis Thornton Powell (1844-1865): identifications controversées de deux conjurés sudistes responsables de la mort d'Abraham Lincoln », in *Actes du 2ème colloque international de Pathographie* sous la direction de Philippe Charlier, De Boccard (éd.), Coll. Pathographie, Paris, 2009, pp. 169-181.
- « Schémas dentaires de Louis XI et Charlotte de Savoie », in *Les sépultures prestigieuses de l'église Notre-Dame de Cléry-Saint-André (Loiret), étude pluridisciplinaire du caveau de Louis XI*, sous la direction de Patrice Georges, L'Harmattan (éd.), hors collection, Paris, 2015, pp. 161, 166.

Je ne détaillerai pas, ici, l'ensemble des articles écrits et publiés dans plusieurs langues (français et anglais principalement, mais sur plusieurs continents). La liste en est trop longue.

Conclusion

Voici donc mon expérience archéologique vécue. J'aurais aimé qu'elle soit plus dense, mais j'espère qu'elle appellera d'autres aventures.
Je n'ai pas souhaité – pour le moment – devenir expert auprès des tribunaux en odontologie médico-légale, bien qu'une opportunité se soit déjà présentée à moi par le passé, laissant cela à d'autres que j'estime plus qualifiés, bien qu'aujourd'hui mes écrits parlent d'eux-mêmes et pour moi. Peut-être qu'un jour…
Là aussi, j'aurais aimé faire partie de l'Unité d'identification odontologique, groupement d'experts, ou de techniciens, mis à la disposition des forces de l'ordre 24 heures sur 24 en cas de catastrophe notamment, et fondée par le Conseil national de l'Ordre des chirurgiens-dentistes, le 13 avril 2002. Mais, pour l'intégrer, il faut être élu par les membres du bureau de l'Association française en identification odontologique. Après deux candidatures malheureuses, j'ai fini par renoncer. Comme cela m'a gentiment été notifié, il a été estimé que je n'avais *« pas assez d'expérience »*.

Remerciements

Je ne peux pas commencer ces remerciements sans mentionner M. Patrice Georges, archéologue et chercheur à l'INRAP (Institut national de recherches archéologiques préventives). Je dois aussi remercier M. Guy Cobolet de la BIU Santé de Paris pour son aide de tous les instants ou encore M. Philippe Delorme, journaliste, pour son travail remarquable sur Henri IV.

Il m'est essentiel de remercier mes mentors, les professeurs Simon Bérénholc, François Resche, Michel Germain, le Dr Henri Lamendin et M. Thierry Feral à qui je dois tant et tant. Sans oublier, tous ceux qui me soutiennent au quotidien dans mes travaux, voire qui y participent.

Je ne peux terminer sans dire tout l'amour que je porte à ma femme et à mes trois enfants qui illuminent ma vie comme autant de soleils.

Table des matières

Santé et Médecine

aux éditions L'Harmattan

Dernières parutions

PAPYRUS MÉDICAL EDWIN SMITH
Chirurgie et magie en Égypte antique
Resche François - Préface d'Alessandro Roccati
Acheté à Louxor en 1862 et conservé à New York, ce papyrus n'a été traduit qu'en 1930. Copié vers 1550 avant J.-C., il décrit 48 cas de blessures, fractures, tumeurs ainsi que leur traitement. Il ne se contente pas de nommer le cerveau pour la première fois, il en précise les fonctions. Voici le plus ancien document «chirurgical» connu aujourd'hui. Ce travail propose aussi un apprentissage initiatique des hiéroglyphes accessible à tous, à partir des connaissances actualisées relatives à l'égyptologie.
(Coll. Médecine à travers les siècles, 65.00 euros, 490 p., Illustré en couleur)
ISBN : 978-2-343-08724-5, ISBN EBOOK : 978-2-14-001536-6

AIDANTS, LIENS FAMILIAUX ET MALADIE D'ALZHEIMER
Clinique et psychopathologie de la relation d'aide
Pierron-Robinet Géraldine - Préface de Pierre Charazac
L'aidant familial incarne un nouvel acteur de santé, incontournable dans le maintien à domicile de son proche malade Alzheimer. Pourtant les enjeux psychiques de la relation d'aide restent mal connus. Comment les familles vivent-elles l'évolution de la maladie d'Alzheimer de leur proche, qui bouleverse leurs relations antérieures ? Quelles sont les incidences des pertes sur les liens du couple et de la fratrie ? Et pourquoi les aidants restent-ils réticents à demander de l'aide face à la dépendance ? En s'appuyant sur le vécu des familles accompagnant un proche malade Alzheimer, cet ouvrage analyse les facteurs affectifs en jeu dans la relation d'aide.
(36.00 euros, 358 p.)
ISBN : 978-2-343-09097-9, ISBN EBOOK : 978-2-14-001550-2

SUISSE - FRANCE
Regards croisés sur les pratiques d'accompagnement de la fin de vie
Erard Véronique
Comment accompagner dignement la fin de vie ? Cette question a amené l'auteure à conduire une multitude d'interviews et à recueillir de nombreux témoignages d'acteurs de la santé, de bénévoles, de patients et de leurs proches, essentiellement en France et en Suisse. Le tableau qu'elle dresse de l'ensemble des pratiques actuelles modifie profondément notre vision de l'accompagnement

de la fin de vie. L'auteure aborde ici en détail les enjeux éthiques posés par les pratiques actuelles des soins palliatifs, du suicide assisté et de la prise en charge de la douleur.
(20.00 euros, 218 p.)
ISBN : 978-2-343-09535-6, ISBN EBOOK : 978-2-14-001327-0

L'ACCÈS UNIVERSEL AUX MÉDICAMENTS ET LES ADPIC (1994-2014)
Cheong Chi Mo Jeremy
Vingt ans après la ratification de l'Accord des Aspects des Droits de la Propriété Intellectuelle qui touchent au Commerce (ADPIC) par l'ensemble des États membres de l'OMC, il convient de faire le bilan de cet instrument juridique international dans son application à la production pharmaceutique. Cet accord devait permettre la promotion de la recherche et du développement de nouveaux médicaments, tout en assurant leur accès universel. Que pourrions-nous faire pour assurer l'accès universel aux médicaments ?
(25.00 euros, 254 p.)
ISBN : 978-2-343-09719-0, ISBN EBOOK : 978-2-14-001522-9

LES SOURDS SONT-ILS MAL ENTENDUS ?
Guyon Isabelle - Préface d'Emmanuelle Laborit
Au fil de ses rencontres d'adultes et de jeunes sourds, Isabelle Guyon a été témoin des multiples difficultés de parcours et de vie auxquels les sourds sont confrontés encore aujourd'hui. C'est cette expérience qu'elle a voulu partager avec les lecteurs. Ce livre est aussi une mine d'informations pour qui veut connaître un peu mieux le monde des sourds.
(16.00 euros, 158 p.)
ISBN : 978-2-343-09507-3, ISBN EBOOK : 978-2-14-001348-5

EXERCER LE LANGAGE LORS DE TROUBLES COGNITIFS CONSTITUÉS OU ÉVOLUTIFS
Orellana-Gelain Blandine - Préface du professeur Marie Sarazin
Ce recueil d'exercices de langage est destiné aux professionnels de la rééducation (orthophonistes, ergothérapeutes, psychomotriciens...) susceptibles d'individualiser leurs interventions, ainsi qu'à tout autre professionnel paramédical amené à intervenir à domicile, avec une équipe spécialisée Alzheimer, en hôpital de jour ou en accueil de jour, en pôle d'activités et de soins adaptés. Voici un ensemble de ressources utiles à l'accompagnement des personnes atteintes de troubles cognitifs évolutifs ou constitués. Quelques grands principes de communication y sont présentés.
(15.50 euros, 106 p.)
ISBN : 978-2-343-09701-5, ISBN EBOOK : 978-2-14-001586-1

À VOTRE SANTÉ
Données médicales et culturelles
Huile d'olive, vin, sel, café, thé, chocolat, miel, plantes médicinales
Bertrand Edmond
La consommation de nombreux produits traditionnels est réputée bénéfique alors que les avantages sont souvent fantasmés ou faux. Le professeur Edmond Bertrand

présente les avantages et inconvénients des principaux aliments consommés pour leurs effets positifs : huile d'olive, vin, sel, café, thé, chocolat, miel. Il aborde aussi la question des plantes médicinales avec leurs limites et parfois leurs dangers. Chaque chapitre comporte une partie historique et culturelle.
(19.50 euros, 186 p.)
ISBN : 978-2-343-08318-6, ISBN EBOOK : 978-2-14-001380-5

RECHERCHE APPLIQUÉE AU SPORT
Les facteurs de la valeur motrice
Tifour Meriem, Blain Alain
Cet ouvrage est une synthèse - en coopération - sur les connaissances des données actuelles sur la posture, le mouvement et l'entraînement fonctionnel du sport. Il a pour visée d'informer le public comme les professionnels sur les méthodes efficaces mais mal connues du public concerné par les douleurs habituelles et déséquilibres posturaux de base. Pour une meilleure disponibilité corporelle souhaitable et à acquérir depuis l'enfance.
(26.00 euros, 252 p.)
ISBN : 978-2-343-08803-7, ISBN EBOOK : 978-2-14-001483-3

SPORT ET ARTHROSE OU ARTHROSE DU SPORT
Enquêtes épidémiologiques internationales et perspectives de prévention
Blain Alain, Tifour Meriem
Cet ouvrage a pour but d'informer tous les professionnels (médecins, médecins du sport, entraîneurs, éducateurs...) sur les douleurs et les dysfonctions posturales et musculo-squelettiques. Coopération et applications préventives d'éducation, prévention et sécurité par des méthodes existantes découlant de l'expérience sont souvent méconnues du grand public.
(27.00 euros, 258 p.)
ISBN : 978-2-343-08802-0, ISBN EBOOK : 978-2-14-001482-6

MOUVEMENT ET PRÉVENTION DE LA PERSONNE
Le sens postural : fonction pilote de l'action et de la disponibilité corporelle. Le mouvement succession-glissement de postures
Blain Alain
Le sens postural est l'anticipation du mouvement dans toutes les activités, tant dans le monde du travail que dans le monde du sport. Le sens postural, l'équilibre postural et le référentiel postural du mouvement concernent toutes les personnes souffrant du mal de dos, « mal mondial, mal du siècle ». Il existe un moyen d'y remédier, mais il faut être informé. C'est l'objectif de ce mémoire à destination du public et des médecins.
(15.50 euros, 126 p.)
ISBN : 978-2-343-08801-3, ISBN EBOOK : 978-2-14-001485-7

MALADIES AUTO-IMMUNES
Quand notre système de défense nous trahit
Tron François
Le système immunitaire nous protège contre les virus, les bactéries et les parasites. Il peut parfois tourner ses armes contre l'organisme qu'il est censé défendre et y

induire des lésions. Les maladies qui en résultent sont dites auto-immunes. Elles sont fréquentes et ensemble constituent la troisième cause de morbidité derrière les maladies cardiovasculaires et cancéreuses. Ce livre parcourt aussi les voies que la recherche emprunte pour corriger les désordres cellulaires et moléculaires observés au cours de chaque maladie auto-immune.
(Coll. Acteurs de la Science, 22.50 euros, 212 p.)
ISBN : 978-2-343-07769-7, ISBN EBOOK : 978-2-336-39806-8

LE DROIT DE LA GÉNÉTIQUE
À la recherche d'une branche du droit
Bricker Guillaume - Préface de Gérald Teboul
En matière de génie génétique, les questions éthiques et polémiques se multiplient à mesure que la technique évolue et embrasse de nombreux sujets : reproduction, OGM, tests génétiques, clonage… Le droit est-il suffisamment en avance pour y répondre ? Cet ouvrage permet de mieux connaître les règles et en assure la promotion, tout en mettant en garde contre les glissements éthiques. Il offre un panorama complet du cadre juridique applicable à la génétique. L'ensemble des textes permet de mieux comprendre les enjeux et quelquefois les limites de la législation.
(Coll. Le Droit aujourd'hui, 65.00 euros, 852 p.)
ISBN : 978-2-343-06705-6, ISBN EBOOK : 978-2-336-39860-0

BIOÉTHIQUE ET TRANSDISCIPLINARITÉ
Brelet Claudine, Patrick Curmi, Fatima Zhora Elkebir, Salwa Hamrouni, Mourad Merdaci - Préface de Christian Byk
Réflexion transdisciplinaire sur les rapports entre les sciences de l'homme et son environnement, cet ouvrage défend une bioéthique ouverte à la société civile. Il reflète les défis moraux auxquels sont maintenant confrontées les biotechnologies, depuis les OGM jusqu'à la PMA. Les chercheurs rappellent que la révolution biotechnologique peut et doit contribuer à améliorer la qualité de la vie, présente et future. La bioéthique questionne finalement la nature même de l'être humain et offre la perspective d'un nouvel avenir.
(Coll. Cultures et Médecines, 17.00 euros, 154 p.)
ISBN : 978-2-343-07225-8, ISBN EBOOK : 978-2-336-39901-0

TRANSGRESSIONS DES FRONTIÈRES DU CORPS
La chirurgie esthétique
Mitz Vladimir
Les frontières de la chirurgie esthétique délimitent, avec difficulté, une spécialité chirurgicale qui est expansive. Cette chirurgie transgressive dérange les concepts philosophiques du «accepte-toi tel que tu es», elle bénéficie d'innovations tumultueuses telles les homogreffes du visage ou des membres, elle est constamment soumise à l'œil éveillé des médias. Cet ouvrage se propose d'en exposer les facettes en explorant ses mythes, ses bases conscientes et inconscientes et ses limites.
(Coll. Eidos série Retina, 16.50 euros, 156 p.)
ISBN : 978-2-343-07729-1, ISBN EBOOK : 978-2-336-39759-7

L'HARMATTAN ITALIA
Via Degli Artisti 15; 10124 Torino
harmattan.italia@gmail.com

L'HARMATTAN HONGRIE
Könyvesbolt ; Kossuth L. u. 14-16
1053 Budapest

L'HARMATTAN KINSHASA
185, avenue Nyangwe
Commune de Lingwala
Kinshasa, R.D. Congo
(00243) 998697603 ou (00243) 999229662

L'HARMATTAN CONGO
67, av. E. P. Lumumba
Bât. – Congo Pharmacie (Bib. Nat.)
BP2874 Brazzaville
harmattan.congo@yahoo.fr

L'HARMATTAN GUINÉE
Almamya Rue KA 028, en face
du restaurant Le Cèdre
OKB agency BP 3470 Conakry
(00224) 657 20 85 08 / 664 28 91 96
harmattanguinee@yahoo.fr

L'HARMATTAN MALI
Rue 73, Porte 536, Niamakoro,
Cité Unicef, Bamako
Tél. 00 (223) 20205724 / +(223) 76378082
poudiougopaul@yahoo.fr
pp.harmattan@gmail.com

L'HARMATTAN CAMEROUN
TSINGA/FECAFOOT
BP 11486 Yaoundé
699198028/675441949
harmattancam@yahoo.com

L'HARMATTAN CÔTE D'IVOIRE
Résidence Karl / cité des arts
Abidjan-Cocody 03 BP 1588 Abidjan 03
(00225) 05 77 87 31
etien_nda@yahoo.fr

L'HARMATTAN BURKINA
Penou Achille Some
Ouagadougou
(+226) 70 26 88 27

L'HARMATTAN SÉNÉGAL
10 VDN en face Mermoz, après le pont de Fann
BP 45034 Dakar Fann
33 825 98 58 / 33 860 9858
senharmattan@gmail.com / senlibraire@gmail.com
www.harmattansenegal.com

Achevé d'imprimer par Corlet Numérique - 14110 Condé-sur-Noireau
N° d'Imprimeur : 135114 - Dépôt légal : janvier 2017 - *Imprimé en France*

www.ingramcontent.com/pod-product-compliance
Lightning Source LLC
LaVergne TN
LVHW051404061026
849535LV00009B/3349